「パズル道場」で身につく３つの能力（センス）

『計算×思考力』では「仮説思考力」と「数量感覚」を養います。

仮説思考力

習った知識を思い出して解答するのではなく、仮説と検証をくり返しながら正解を見つけ出す能力です。できるだけたくさんの“自分の作戦”を考えることで、算数本来の楽しさを体感することができます。また、入試における難問や見たことがない問題に対応するために不可欠な能力です。

数量感覚（量感）

いわゆる数のセンスです。数は「順番としての数」と「量としての数」の２種類に分けられますが、小学生の時期に重要なのは圧倒的に「量としての数」です。九九を暗記して計算をはじめる前に数を量として認識できるようになると、数の比較・分解・合成を自在に扱うことができ、その後の算数の学習がスムーズに進みます。

空間把握能力

一言で言えば立体をイメージする能力です。平面図から立体をイメージしたり、目の前の立体の見えていない部分をイメージしたり、さらに、立体の分解や合成などを頭の中だけで考えられるようになります。これは知識の積み重ねだけでは身につかない能力で、算数以外の教科やスポーツなどでも必要とされます。

［保護者の方へ］効果を高める学習の方法

◎ 数・図形・思考力で学ぶ

「パズル道場」シリーズでは、３つの能力を効果的に伸ばせるように、『計算×思考力』『図形×思考力』の２種類のドリルを用意しています。２冊一緒に取り組んでみてください。

◎ 自分で問題を読んで、自分で考えさせる

保護者の方が最初に説明する必要はありません。試行錯誤こそが思考力を身につける最重要項目です。覚えて解くのではなく、考えて気づきながら解くことができるプログラムになっています。

◎ 結果よりもプロセスを評価する

１つの問題を３回以上間違えたり、15分以上考えてもできない場合は、ヒントを与えてください。ただし、お子さんがあきらめないと言ったら、とことん考えさせてください。できなくても、考えた分だけ賢くなります。できたことより、解けなくてもねばり強く考えたことのほうを高く評価してあげてください。

もくじ・学習内容

※「パズル道場」プログラムの入門～初級レベルの問題で構成しています。

取り組み方のポイント

数には、「順番としての数」と「量としての数」があります。「順番としての数」は暗記して解答を求める場合が多々ありますが、まずは、**数を量としてイメージし（量感）、自分で試行錯誤する学習法を身につけることがとても大切**です。**量感とはつまり「数のセンス」**で、量感の重要性は、大きな数の計算になったときに明確に現れます。また、**四則演算が素早く正確にできる**ようになります。
このドリルでは、ブロックやお金の図を使い、量としてイメージできるようになってから、通常の計算問題に進みます。大きな数の計算には筆算を使いますが、筆算では数を分解して計算してしまうため、量感は身につきません。その前に、**お金を使った計算によって量感トレーニング**を徹底的に行います。

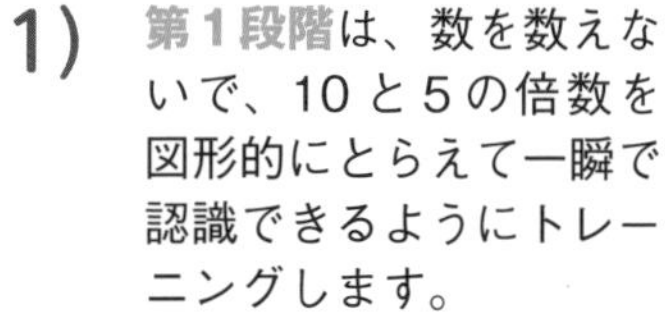

(1) **第１段階**は、数を数えないで、10と５の倍数を図形的にとらえて一瞬で認識できるようにトレーニングします。

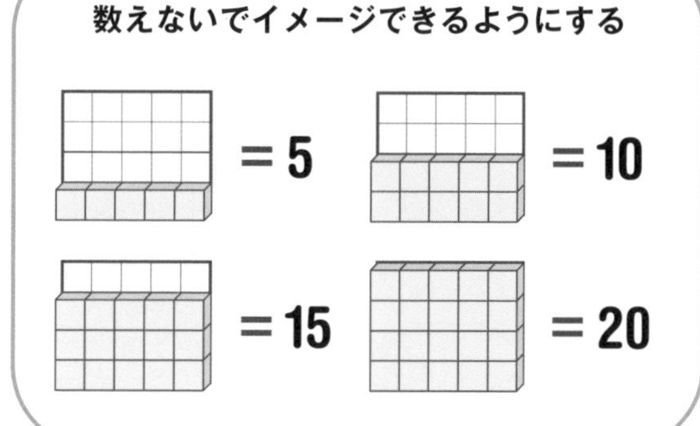

(2) **第２段階**は、右図のように考えます。このとき、「10より……」と考えるのを10の補数、「20より……」と考えるのを20の補数と言います。

第２段階

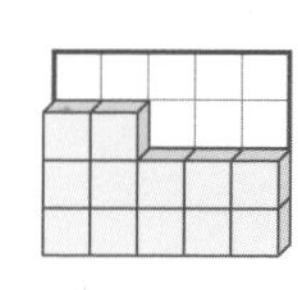

- 10より２多いのが12
- 20より８少ないのが12
- 15より３少ないのが12
- ５より７多いのが12

(3) **第３段階**で、補数の範囲のみでの計算を行います。わからない場合は、図を見ながら考えさせます。ここまでを完璧にできるようになってから、補数以外の計算に進みましょう。

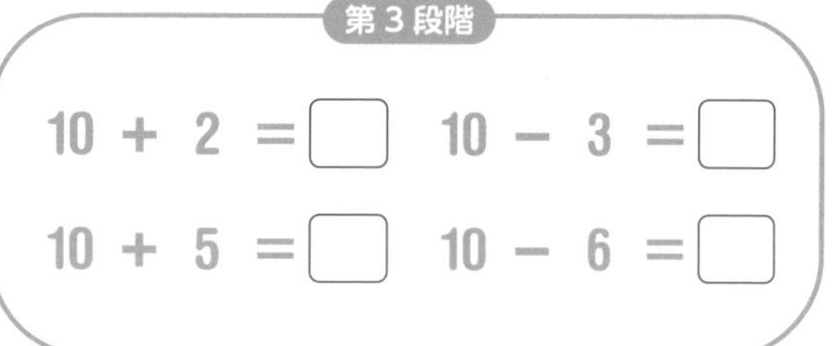

思考力（算数パズル）

思考力は、**同時に複数のことを考える練習**で身につけることができます。この練習には、パズルが一番効果的です。知識力が不要な算数パズルで、**自分の作戦を考えながら、「あーでもない、こーでもない」**と頭を使うことが思考力を育成する最短距離なのです。

1 同じ数をさがそう

目標時間は3分

月　　日

同じ数のものを、線でむすびましょう。

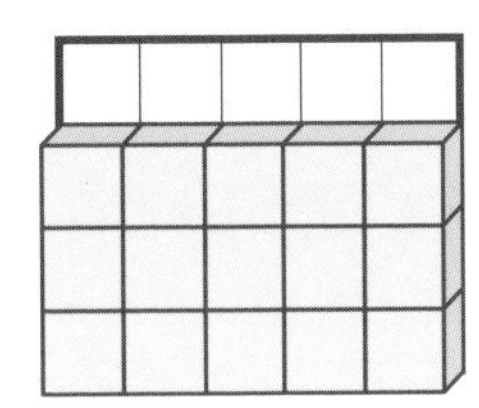

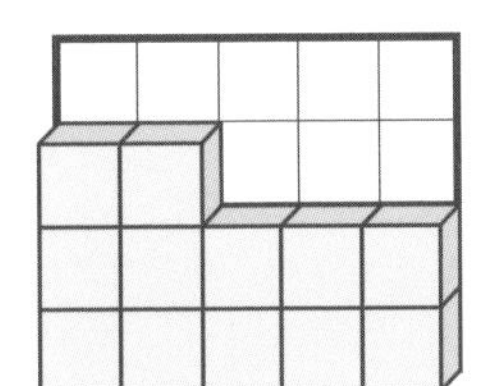

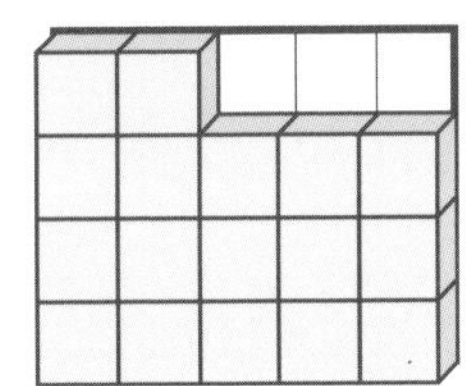

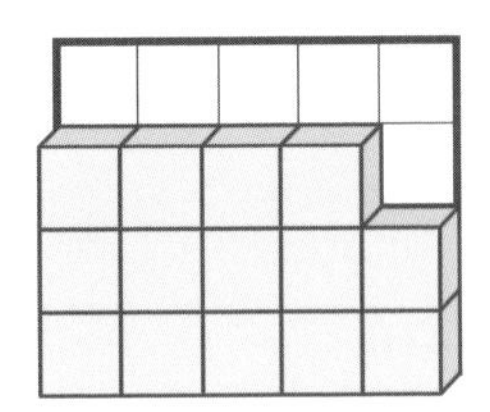

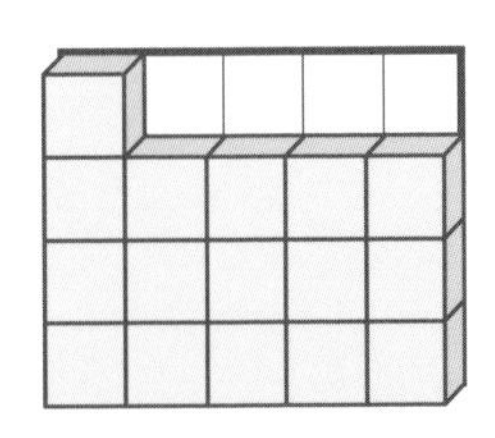

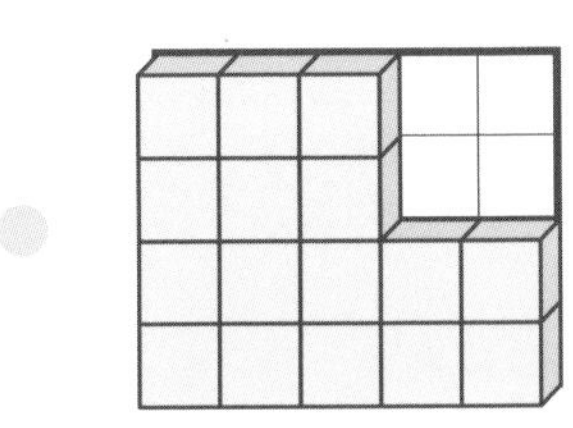

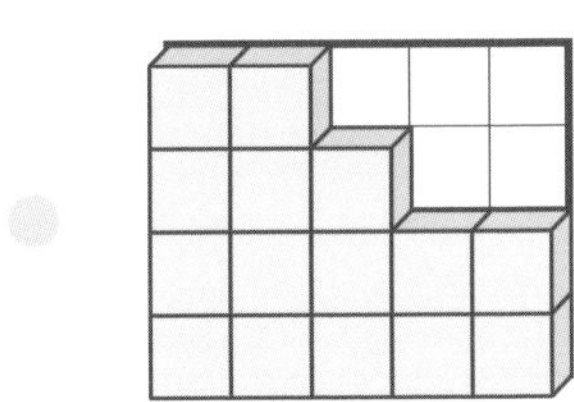

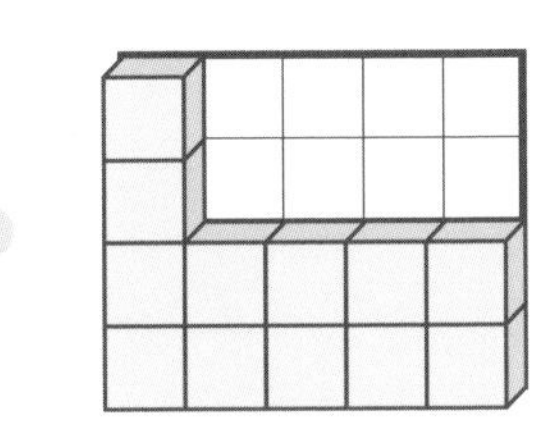

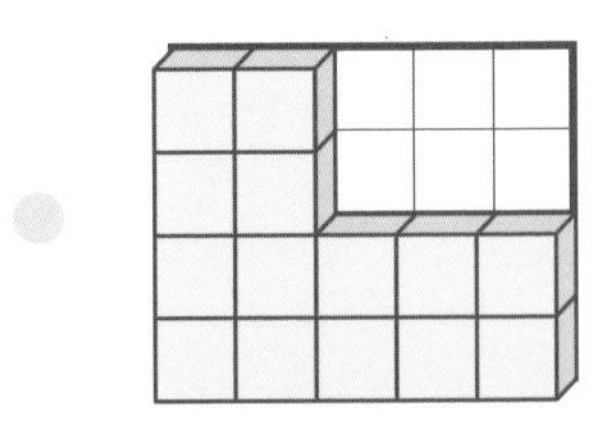

2 10よりいくつ多い？

目標時間は3分

月　　日

10より、いくつ多いですか。

(1)

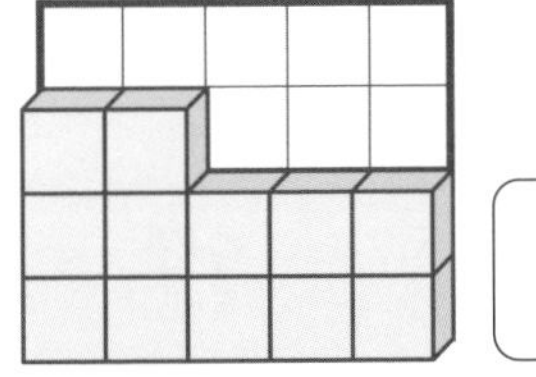

(2)

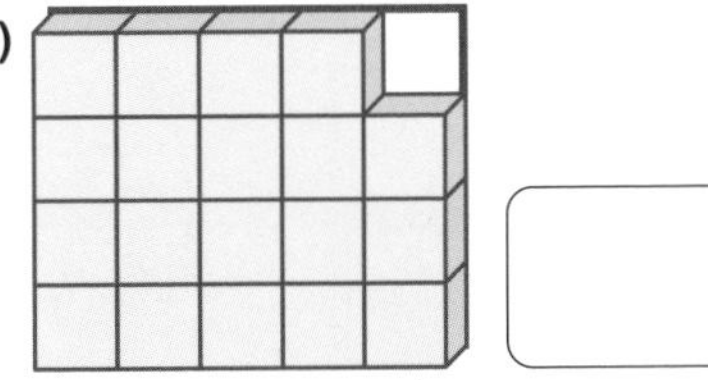

(3)

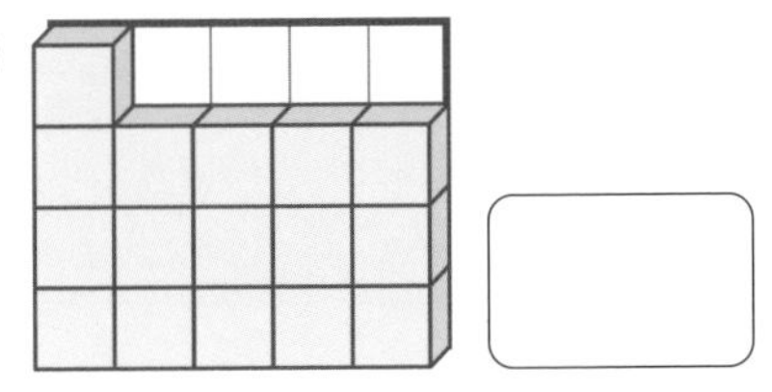

(4)

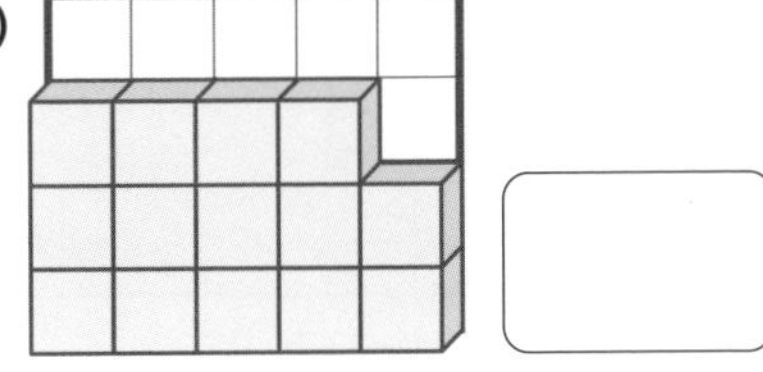

右の図を見ながら、下のもんだいに答えましょう。

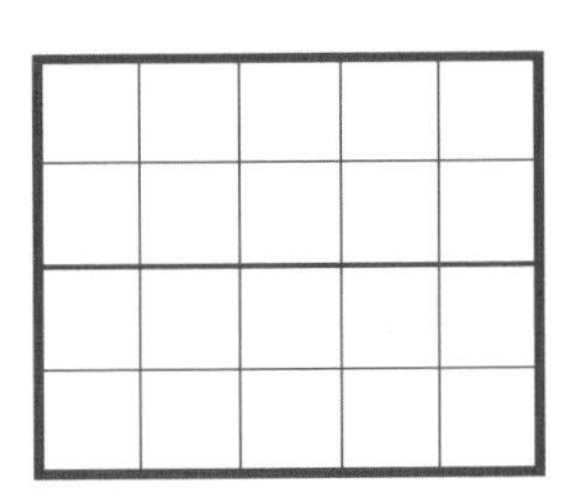

(5) 10より、5多い数はいくつですか。

(6) 10より、1多い数はいくつですか。

(7) 10より、7多い数はいくつですか。

(8) 10より、2多い数はいくつですか。

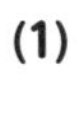

3 ブロックはいくつ？

目標時間は３分

月　　日

つぎのもんだいに答えましょう。

れいだい

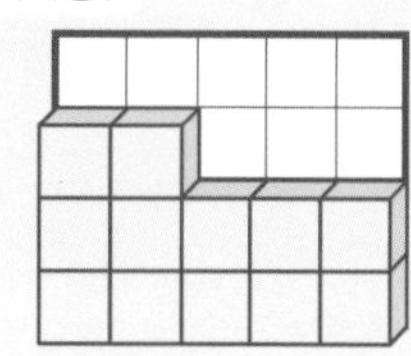

❶ 10より、いくつ多いですか。　2

❷この数は、いくつですか。　12

(1)

① 10より、いくつ多いですか。

②この数は、いくつですか。

(2)

① 10より、いくつ多いですか。

②この数は、いくつですか。

(3)

① 10より、いくつ多いですか。

②この数は、いくつですか。

(4)

① 10より、いくつ多いですか。

②この数は、いくつですか。

(5)

① 10より、いくつ多いですか。

②この数は、いくつですか。

4 20 よりいくつ少ない？

目標時間は 3 分

月　　日

20 より、いくつ少ないですか。

(1)

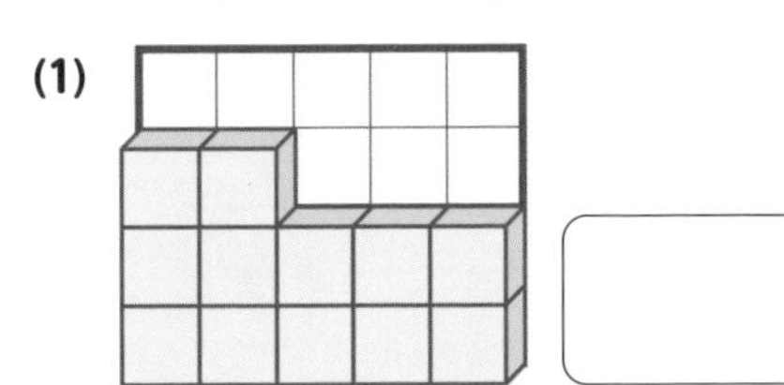

(2)

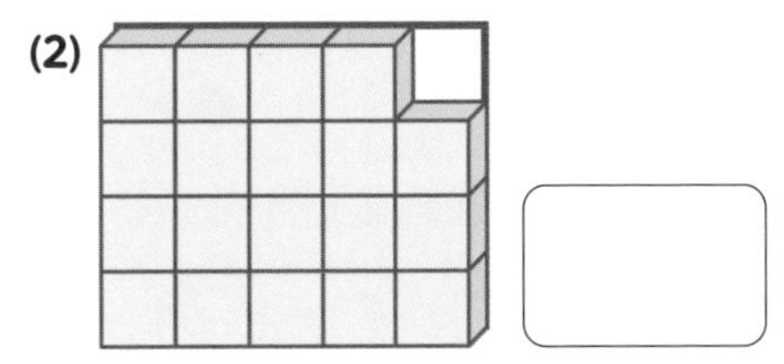

(3)

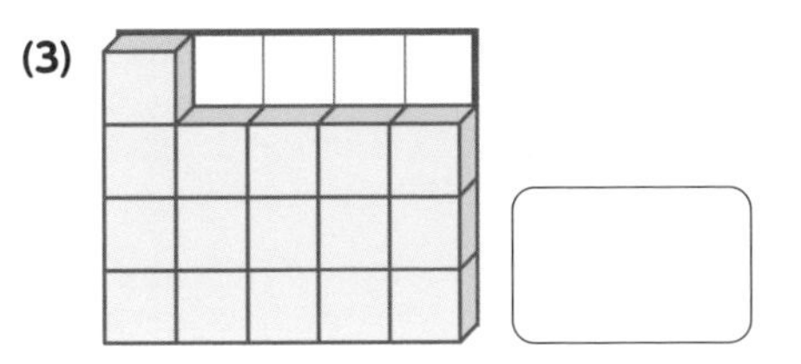

(4)

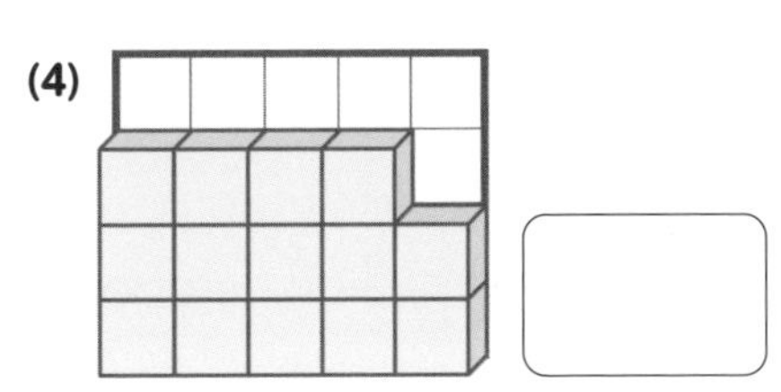

右の図を見ながら、下のもんだいに答えましょう。

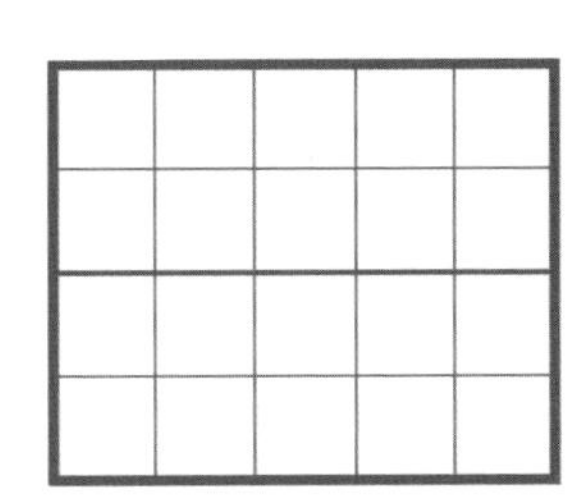

(5) 20 より、4 少ない数はいくつですか。

(6) 20 より、6 少ない数はいくつですか。

(7) 20 より、5 少ない数はいくつですか。

(8) 20 より、8 少ない数はいくつですか。

5 ブロックはいくつ？

目標時間は3分

月　　日

つぎのもんだいに答えましょう。

れいだい

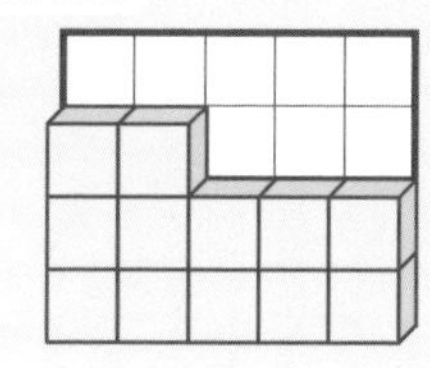

❶ 20より、いくつ少ないですか。　**8**

❷この数は、いくつですか。　**12**

(1)

① 20より、いくつ少ないですか。

②この数は、いくつですか。

(2)

① 20より、いくつ少ないですか。

②この数は、いくつですか。

(3)

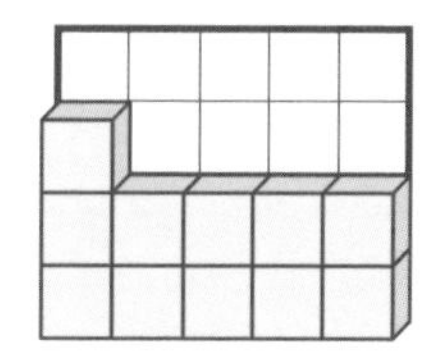

① 20より、いくつ少ないですか。

②この数は、いくつですか。

(4)

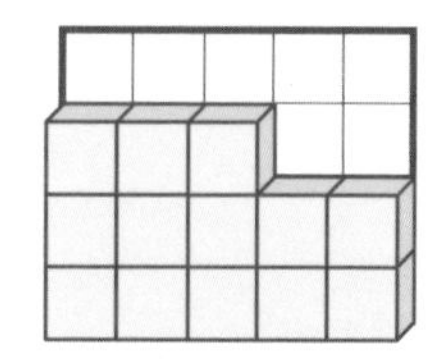

① 20より、いくつ少ないですか。

②この数は、いくつですか。

(5)

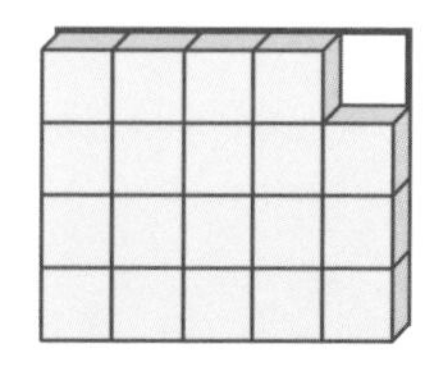

① 20より、いくつ少ないですか。

②この数は、いくつですか。

6 合(あ)わせて 20 にしよう

目標時間(もくひょうじかん)は 3 分(ぷん)
月(がつ)　日(にち)

合(あ)わせて 20 になるように、線(せん)でむすびましょう。

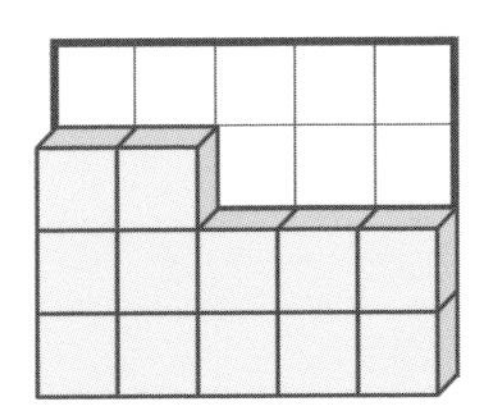
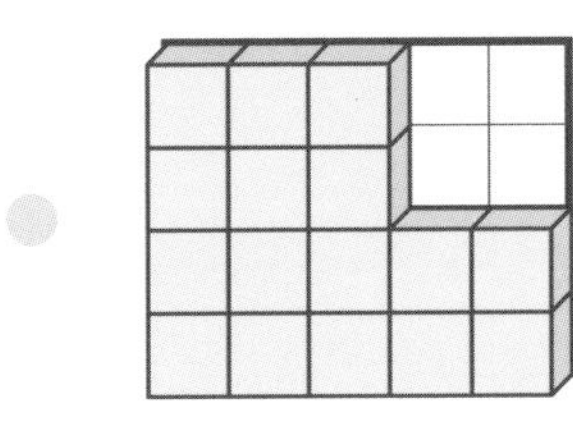
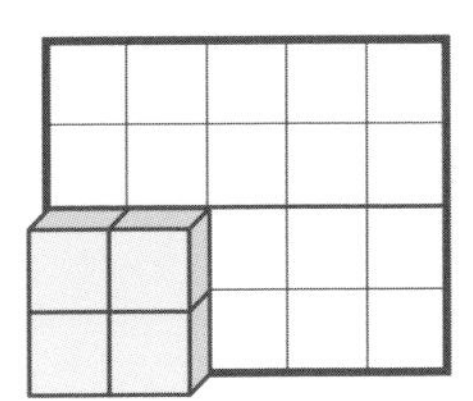
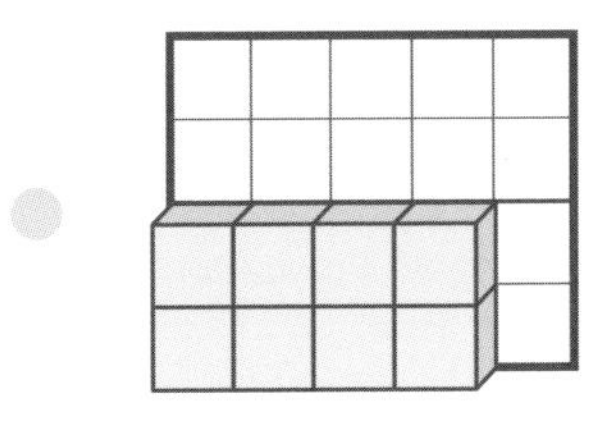
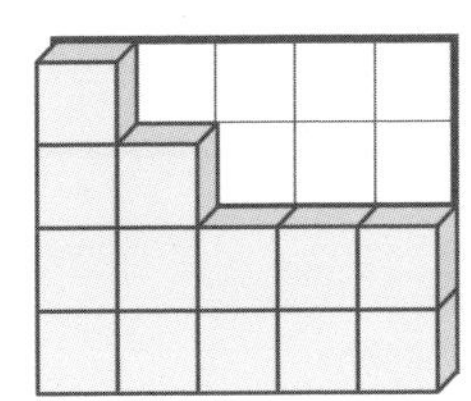
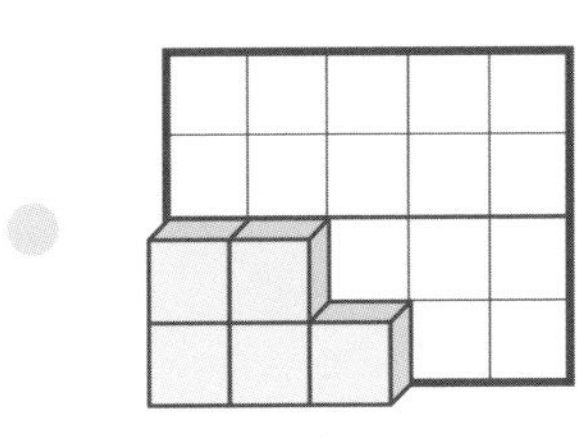
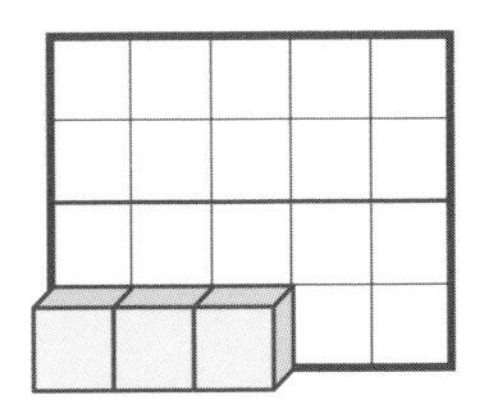
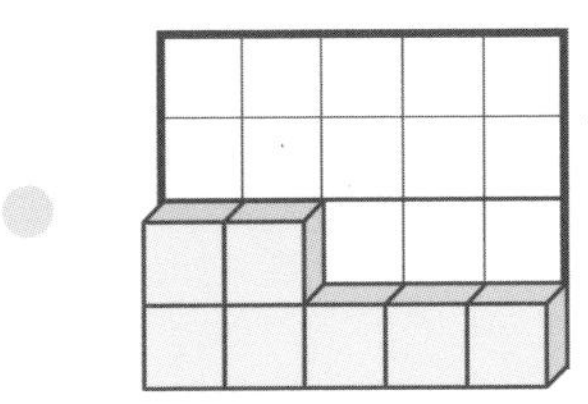
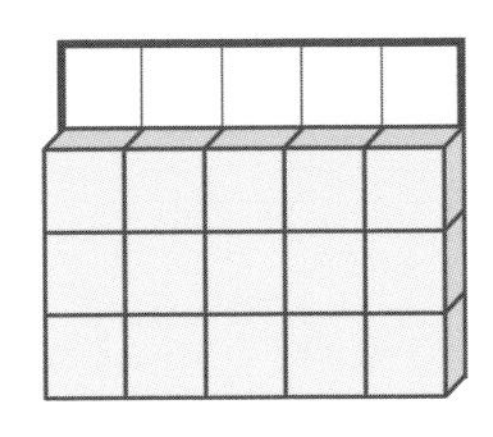
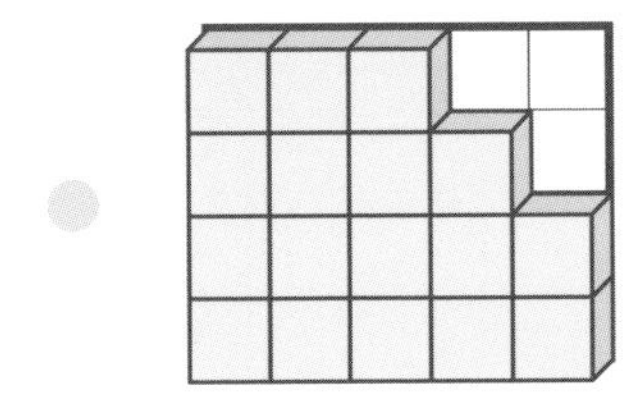

7 1本の線ですすもう

目標時間は５分
月　日

つぎのルールにしたがって、入り口から出口まで１本の線でむすびましょう。

〔ルール〕
①てんとう虫のいるマスは、通れません。
②てんとう虫のいないすべてのマスを、通らなければなりません。
③１つのマスは、１回しか通れません。
④すすめる方向は、たてとよこだけで、ななめにはすすめません。

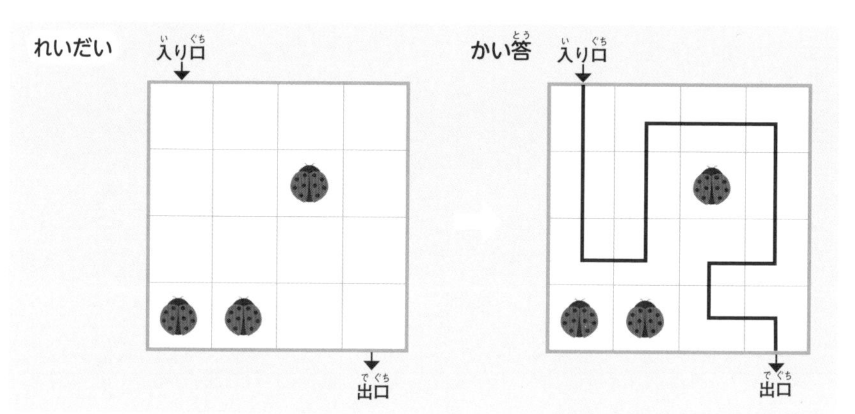

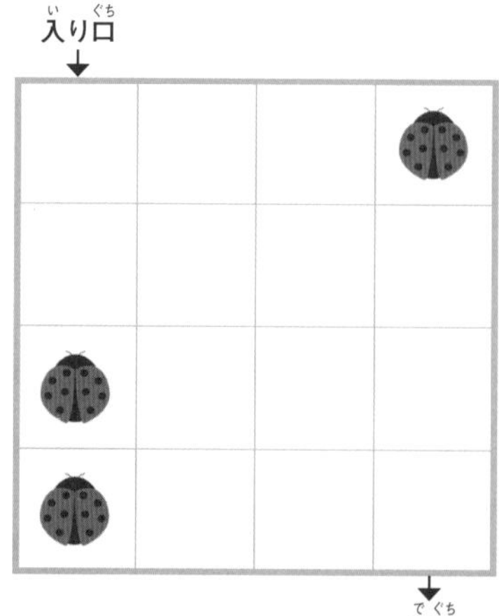

8 1本の線ですすもう

目標時間は5分
月　日

つぎのルールにしたがって、入り口から出口まで1本の線でむすびましょう。

〔ルール〕

①てんとう虫のいるマスは、通れません。

②てんとう虫のいないすべてのマスを、通らなければなりません。

③1つのマスは、1回しか通れません。

④すすめる方向は、たてとよこだけで、ななめにはすすめません。

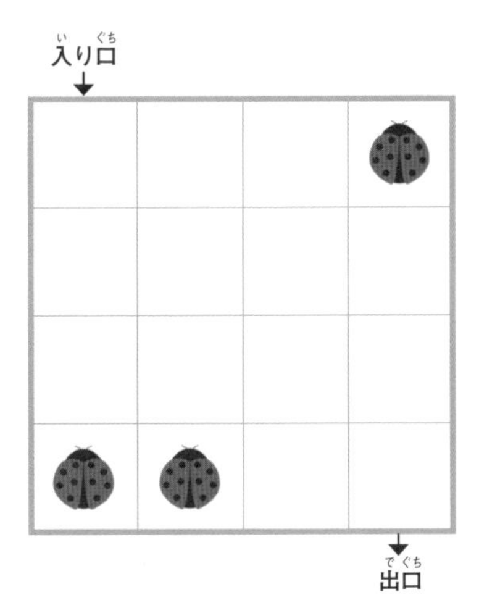

9 文を読んで考えよう

目標時間は8分

月　　日

つぎの文を読んで、もんだいに答えましょう。

(1) イヌは、ネコより体じゅうがおもい。ネコは、サルより体じゅうがおもい。体じゅうが1番おもいのは、だれですか。

(2) ゾウは、キリンより体じゅうがおもい。カバは、ゾウより体じゅうがおもい。体じゅうが1番かるいのは、だれですか。

(3) ネコは、イヌより体じゅうがおもい。ウサギは、ネコより体じゅうがおもい。体じゅうが1番おもいのは、だれですか。

(4) ゾウは、カバより体じゅうがおもい。カバは、ライオンより体じゅうがおもい。体じゅうが1番かるいのは、だれですか。

10 ブロックを足そう

目標時間は3分

月　　日

青いブロックと、グレーのブロックを足すと、いくつですか。

(1)

(2)

(3)

(4)

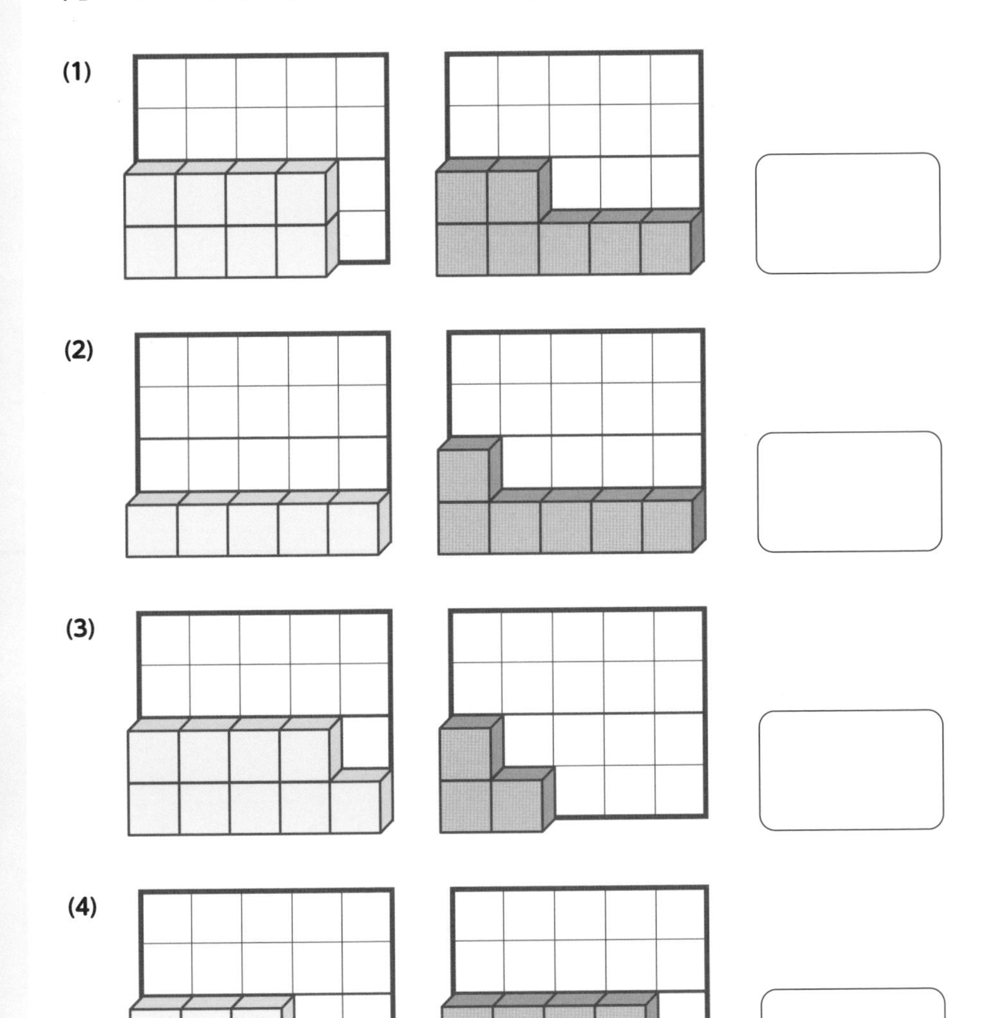

11 ブロックに数を足そう

目標時間は3分

月　　日

図を見て、もんだいに答えましょう。

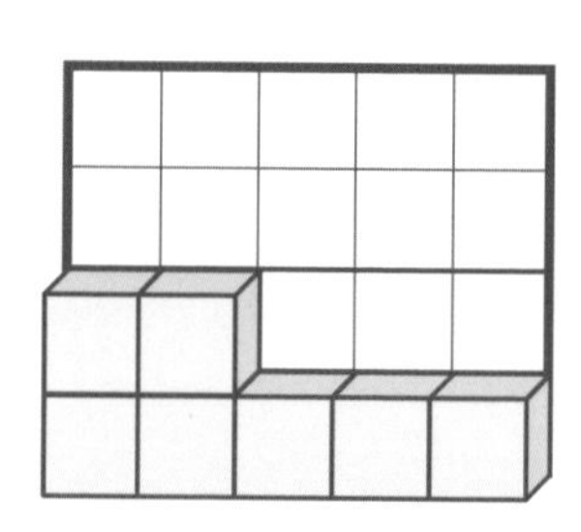

(1) 8を足したら、いくつですか。

(2) 13を足したら、いくつですか。

(3) 6を足したら、いくつですか。

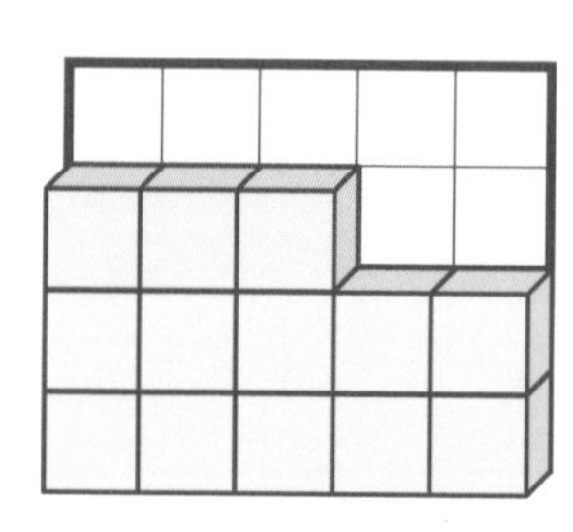

(4) 7を足したら、いくつですか。

(5) 2を足したら、いくつですか。

(6) 4を足したら、いくつですか。

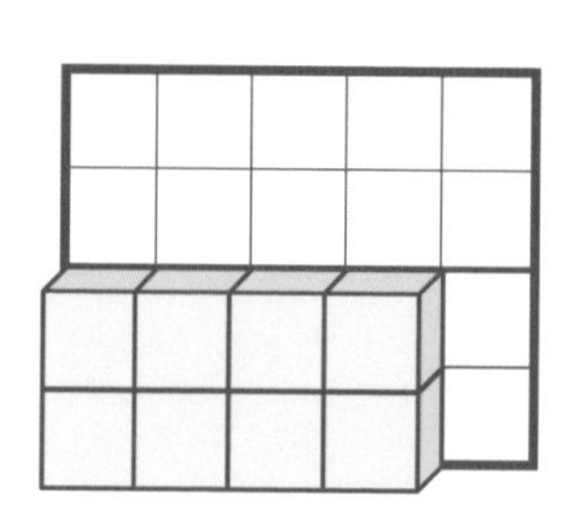

(7) 7を足したら、いくつですか。

(8) 12を足したら、いくつですか。

(9) 4を足したら、いくつですか。

12 計算しよう

目標時間は3分

月　　日

図を見て、計算の答えをもとめましょう。

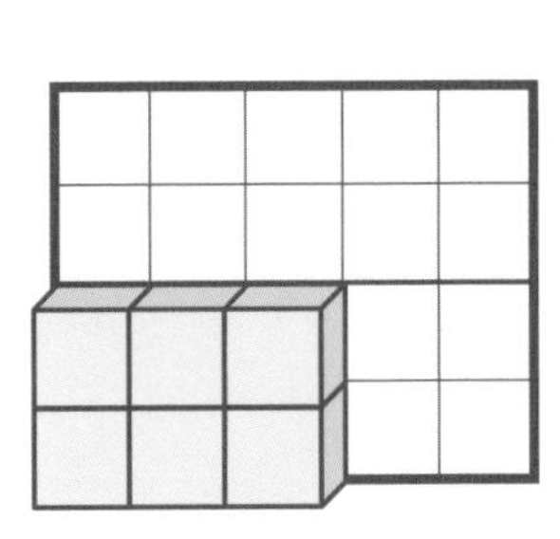

(1) $6 + 4 =$ □

(2) $6 + 6 =$ □

(3) $6 + 9 =$ □

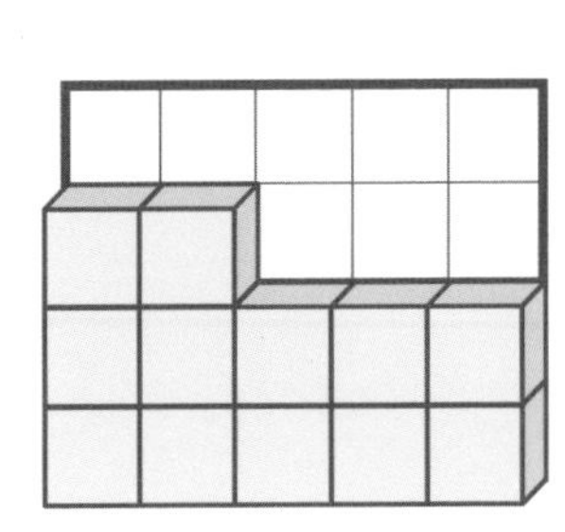

(4) $12 + 5 =$ □

(5) $12 + 6 =$ □

(6) $12 + 2 =$ □

つぎの計算の答えをもとめましょう。

(7) $7 + 13 =$ □

(8) $4 + 14 =$ □

(9) $11 + 7 =$ □

(10) $15 + 2 =$ □

(11) $7 + 9 =$ □

(12) $8 + 6 =$ □

13 ブロックはいくつ？

目標時間は3分

月　日

それぞれの図の数は、いくつですか。
また、7を引いたらいくつになりますか。

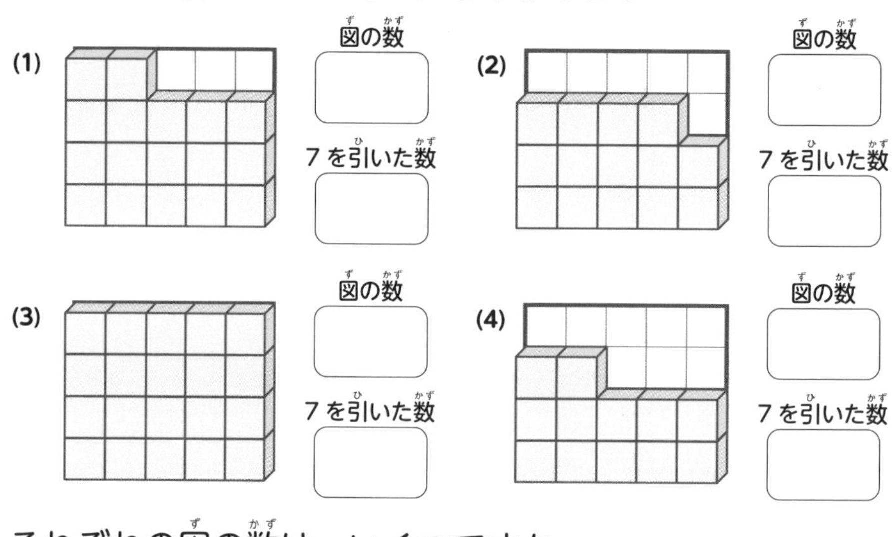

それぞれの図の数は、いくつですか。
また、3を引いたらいくつになりますか。

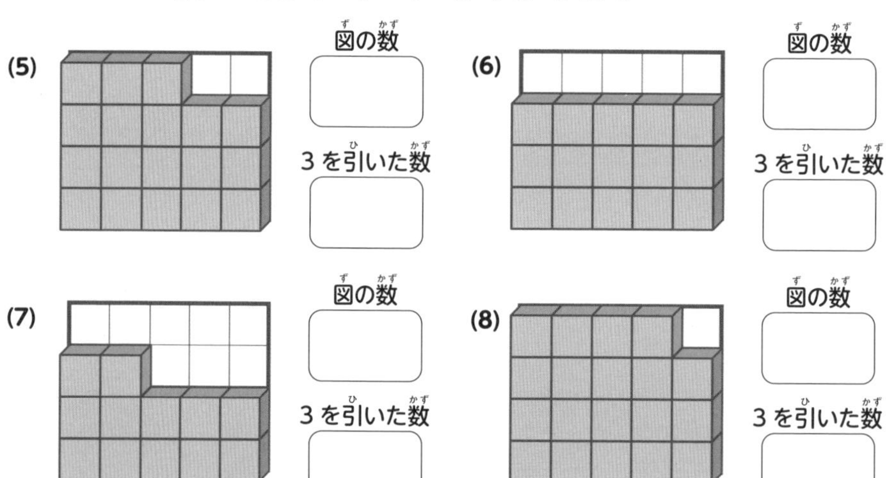

14 ブロックから数を引こう

目標時間は 3 分

月　　日

図を見て、もんだいに答えましょう。

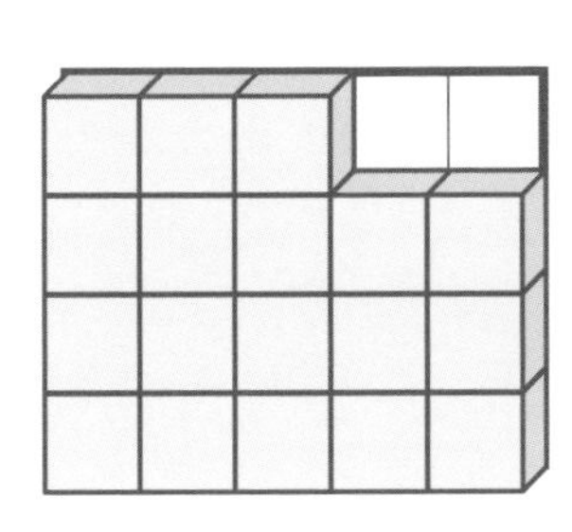

(1) 8 を引いたら、いくつですか。

(2) 14 を引いたら、いくつですか。

(3) 4 を引いたら、いくつですか。

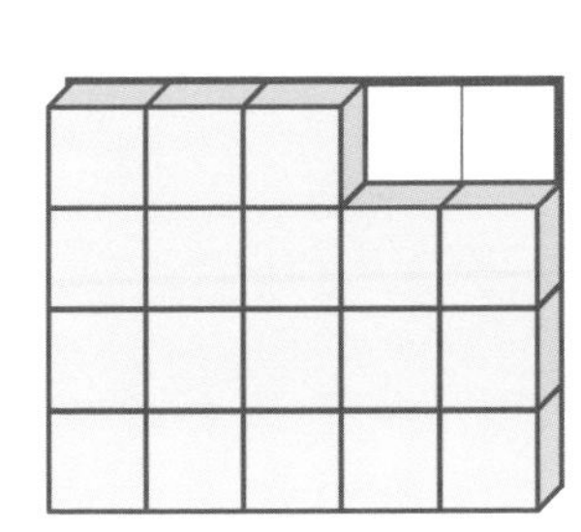

(4) 3 を引いたら、いくつですか。

(5) 8 を引いたら、いくつですか。

(6) 13 を引いたら、いくつですか。

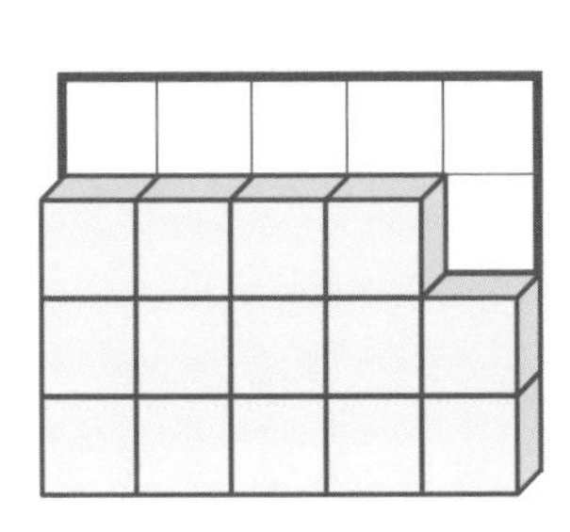

(7) 2 を引いたら、いくつですか。

(8) 9 を引いたら、いくつですか。

(9) 5 を引いたら、いくつですか。

15 計算しよう

目標時間は3分

月　　日

図を見て、計算の答えをもとめましょう。

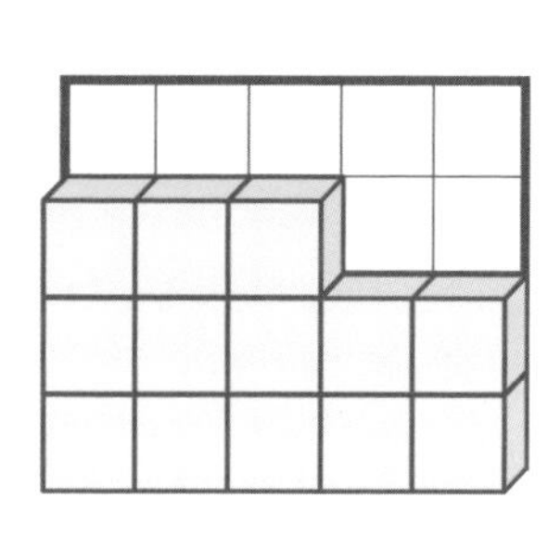

(1) 13 − 3 ＝ □

(2) 13 − 8 ＝ □

(3) 13 − 6 ＝ □

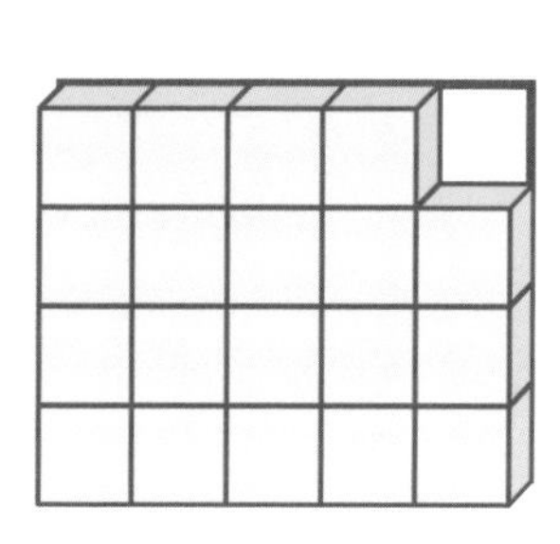

(4) 19 − 4 ＝ □

(5) 19 − 12 ＝ □

(6) 19 − 7 ＝ □

つぎの計算の答えをもとめましょう。

(7) 20 − 9 ＝ □

(8) 15 − 4 ＝ □

(9) 18 − 2 ＝ □

(10) 16 − 4 ＝ □

(11) 16 − 9 ＝ □

(12) 14 − 8 ＝ □

16 1～4を入れよう

目標時間は 10 分

月　日

つぎのルールにしたがって、あいているマスに 1 ～ 4 の数字を入れましょう。

〔ルール〕

①たて、よこそれぞれの 4 れつに、1 ～ 4 の数字を 1 つずつ入れます。

②太線でかこまれた 4 つのマスにも、それぞれ 1 ～ 4 の数字が 1 つずつ入ります。

れいだい

	2	3	
4			1
2	1		
		1	2

かい答

1	2	3	4
4	3	2	1
2	1	4	3
3	4	1	2

(1)

	4		2
1		4	
2	1	3	
	3		1

(2)

	2	1	
4			3
2			1
	3	4	

17 +、−で式を作ろう

目標時間は8分

月　日

つぎのれいだいを見て、あとのもんだいの□に当てはまる「+」または「−」の記ごうを書き入れて、式をかんせいさせましょう。
足し算・引き算は、左からじゅんに計算します。

れいだい

8 + 4 [−] 3 [+] 6 = 15

(1)

2 + 9 □ 6 □ 7 = 12

(2)

4 − 3 □ 6 □ 1 = 6

18 ブロックから考えよう

目標時間は 3 分

月　　日

図を見て、もんだいに答えましょう。

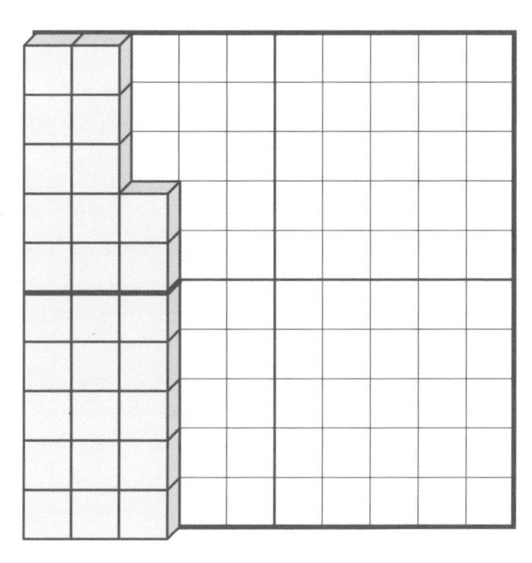

(1) 20 より、いくつ多いですか。

(2) この数は、いくつですか。

(3) あといくつで、50 になりますか。

(4) あといくつで、100 になりますか。

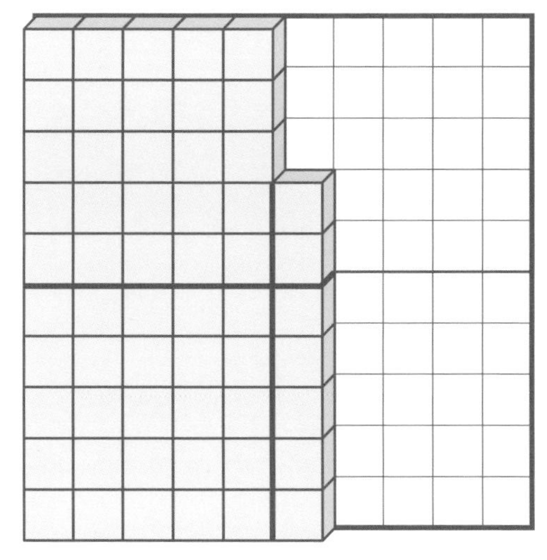

(5) 50 より、いくつ多いですか。

(6) この数は、いくつですか。

(7) あといくつで、60 になりますか。

(8) あといくつで、100 になりますか。

19 あといくつ？

目標時間は 3 分
月　　日

つぎの数は、あといくつで 50 になりますか。
わからない場合は、右の図を見て考えましょう。

(1) **20**

(2) **30**

(3) **35**

(4) **25**

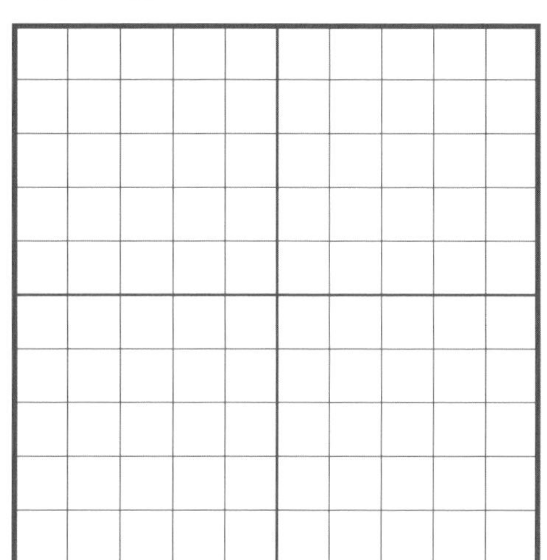

つぎの数は、あといくつで 100 になりますか。
わからない場合は、右の図を見て考えましょう。

(5) **78**

(6) **54**

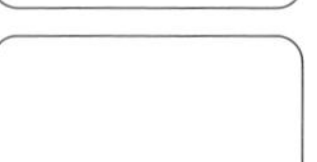

(7) **93**

(8) **86**

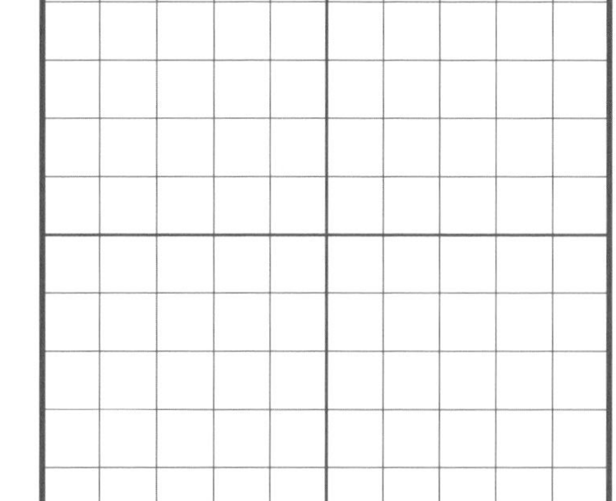

20 計算しよう

目標時間は3分　月　日

つぎの計算の答えをもとめましょう。

(1) 30 ＋ 20 ＝ □　(2) 35 ＋ 15 ＝ □

(3) 38 ＋ 12 ＝ □　(4) 24 ＋ 26 ＝ □

(5) 30 ＋ 70 ＝ □　(6) 45 ＋ 55 ＝ □

(7) 78 ＋ 22 ＝ □　(8) 53 ＋ 47 ＝ □

21 当てはまる数は？

目標時間は3分

月　日

つぎの □ に、当てはまる数を答えましょう。

れいだい

40 ＋ 10 ＝ 50

(1) 10 ＋ □ ＝ 30

(2) 20 ＋ □ ＝ 50

(3) □ ＋ 30 ＝ 70

(4) □ ＋ 40 ＝ 60

(5) 60 ＋ □ ＝ 100

(6) 80 ＋ □ ＝ 100

(7) □ ＋ 70 ＝ 100

(8) □ ＋ 90 ＝ 100

22 図を見て計算しよう

目標時間は5分　月　日

図を見て、計算の答えをもとめましょう。

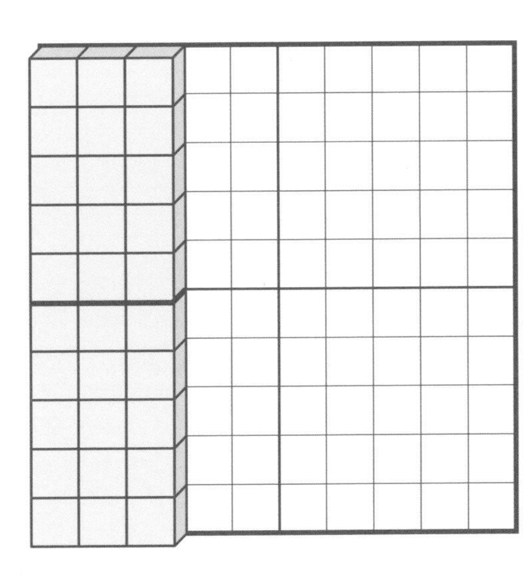

(1) $30 + 20 =$ □

(2) $30 + 10 =$ □

(3) $30 + 2 =$ □

(4) $30 + 4 =$ □

(5) $30 + 7 =$ □

(6) $30 + 18 =$ □

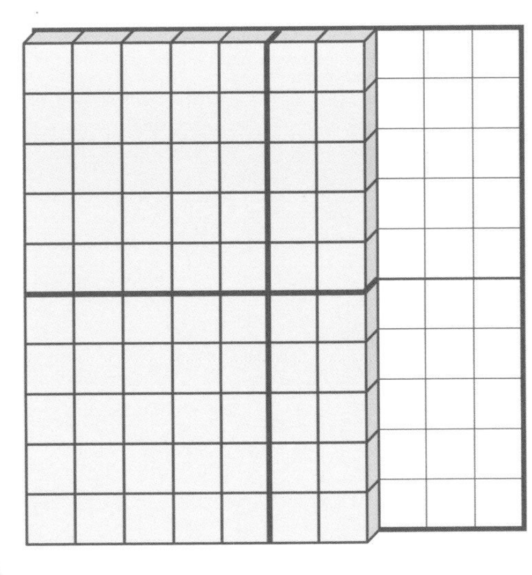

(7) $70 + 30 =$ □

(8) $70 + 20 =$ □

(9) $70 + 1 =$ □

(10) $70 + 3 =$ □

(11) $70 + 9 =$ □

(12) $70 + 23 =$ □

23 図を見て計算しよう

目標時間は5分

月　日

図を見て、計算の答えをもとめましょう。

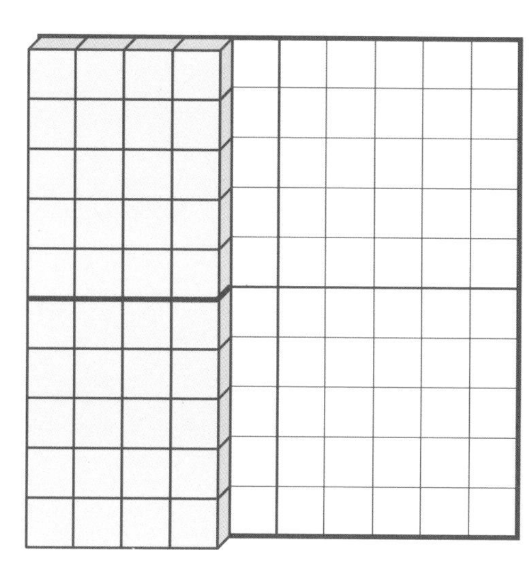

(1) 40 − 10 =

(2) 40 − 30 =

(3) 40 − 2 =

(4) 40 − 5 =

(5) 40 − 8 =

(6) 40 − 16 =

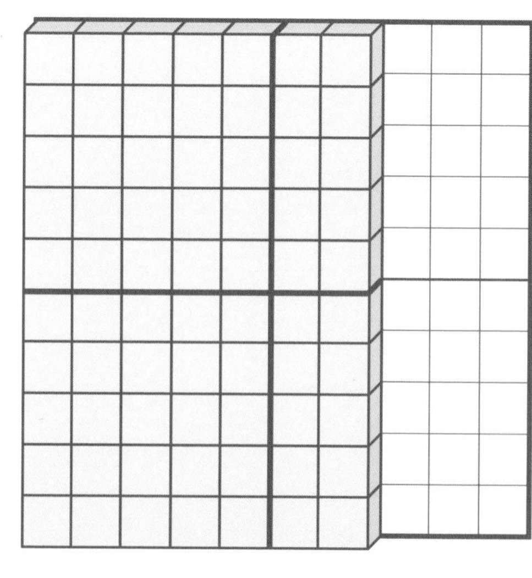

(7) 70 − 20 =

(8) 70 − 30 =

(9) 70 − 5 =

(10) 70 − 2 =

(11) 70 − 8 =

(12) 70 − 16 =

24 同じ数字をむすぼう

目標時間は 10 分
月　日

つぎのルールにしたがって、線を書きましょう。

〔ルール〕
①同じ数字を、たて、よこの線でむすびます。
②線は、マスのまん中を通ります。
③線と線が、交わってはいけません。
④線は、数字の入っているマスを通れません。
⑤数字の入っていないすべてのマスを、1 回だけ通ります。

れいだい

1			2
	2	1	3
3			

かい答

1			2
	2	1	3
3			

1			
	2	3	
	3		1
			2

25 同じ数字をむすぼう

目標時間は 10 分

月　　日

つぎのルールにしたがって、線を書きましょう。

〔ルール〕

①同じ数字を、たて、よこの線でむすびます。

②線は、マスのまん中を通ります。

③線と線が、交わってはいけません。

④線は、数字の入っているマスを通れません。

⑤数字の入っていないすべてのマスを、1 回だけ通ります。

1			2
3			3
	1	2	

26 足して同じ数にしよう

目標時間は7分

月　　日

下のひょうに、1～9の数を1つずつ入れて、たてに足しても、よこに足しても、ななめに足しても、それぞれの3つの数の合計が、同じになるようにします。あいているマスに、数を入れましょう。

れいだい

2		4
7		
6		8

かい答

2	9	4
7	5	3
6	1	8

2		6
9		1
		8

27 足して同じ数にしよう

目標時間は7分

月　日

下のひょうに、1～9の数を1つずつ入れて、たてに足しても、よこに足しても、ななめに足しても、それぞれの3つの数の合計が、同じになるようにします。あいているマスに、数を入れましょう。

8	1	6
3		
		2

28 図を見て計算しよう

目標時間は5分

月　　日

図を見て、計算の答えをもとめましょう。

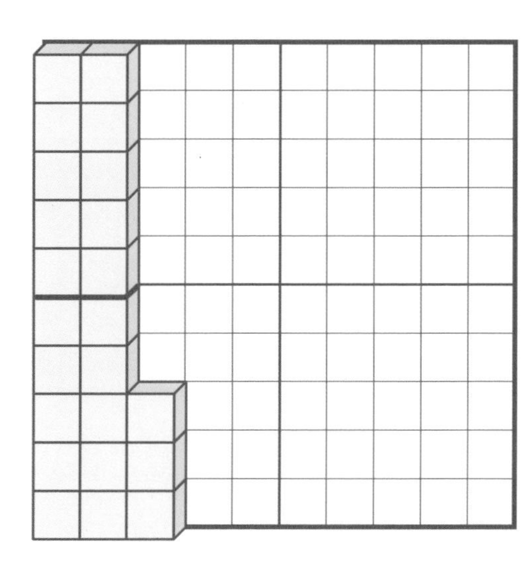

(1) 23 ＋ 7 ＝

(2) 23 ＋ 27 ＝

(3) 23 ＋ 1 ＝

(4) 23 ＋ 2 ＝

(5) 23 ＋ 6 ＝

(6) 23 ＋ 16 ＝

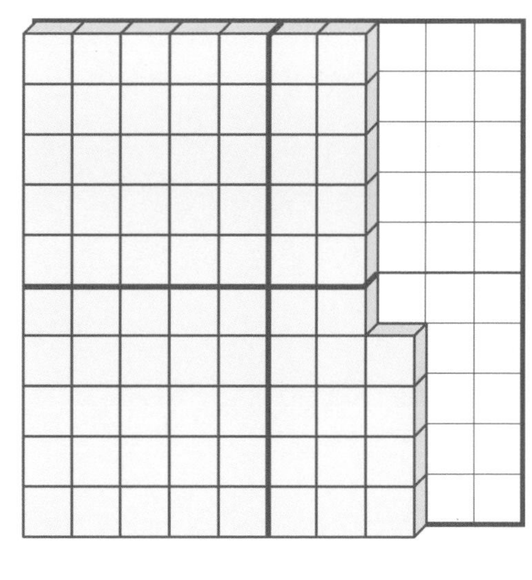

(7) 74 ＋ 6 ＝

(8) 74 ＋ 26 ＝

(9) 74 ＋ 1 ＝

(10) 74 ＋ 5 ＝

(11) 74 ＋ 4 ＝

(12) 74 ＋ 23 ＝

29 計算しよう

目標時間は5分

月　日

つぎの計算の答えをもとめましょう。

(1) 23 ＋ 7 ＝ □

(2) 64 ＋ 36 ＝ □

(3) 48 ＋ 12 ＝ □

(4) 74 ＋ 26 ＝ □

(5) 23 ＋ 26 ＝ □

(6) 37 ＋ 13 ＝ □

(7) 86 ＋ 3 ＝ □

(8) 74 ＋ 23 ＝ □

30 図を見て計算しよう

目標時間は5分

月　日

図を見て、計算の答えをもとめましょう。

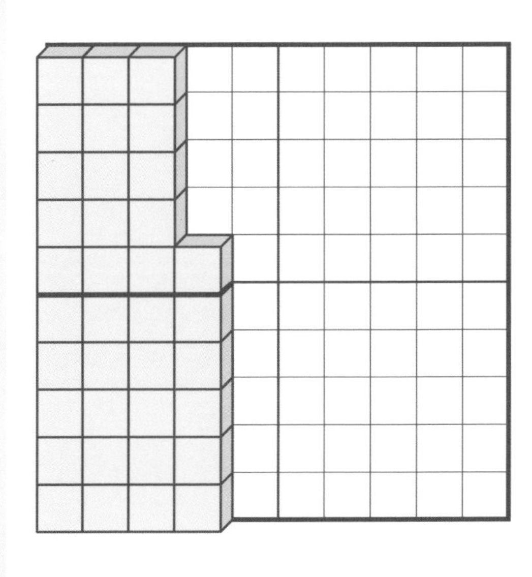

(1) 36 − 1 = □

(2) 36 − 6 = □

(3) 36 − 16 = □

(4) 36 − 5 = □

(5) 36 − 3 = □

(6) 36 − 14 = □

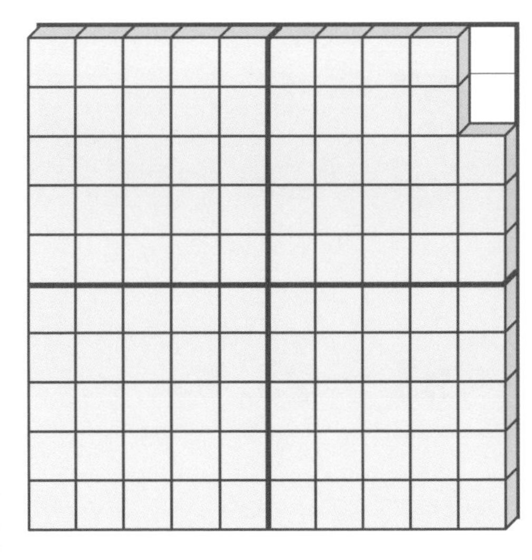

(7) 98 − 8 = □

(8) 98 − 3 = □

(9) 98 − 5 = □

(10) 98 − 48 = □

(11) 98 − 25 = □

(12) 98 − 37 = □

31 計算しよう

目標時間は5分

月　　日

つぎの計算の答えをもとめましょう。

(1) 36 − 16 = ☐　(2) 74 − 24 = ☐

(3) 43 − 33 = ☐　(4) 98 − 48 = ☐

(5) 36 − 4 = ☐　(6) 57 − 5 = ☐

(7) 78 − 15 = ☐　(8) 98 − 25 = ☐

32 当てはまる数は？

目標時間は 3 分

月　　日

図を見て、□に当てはまる数を答えましょう。

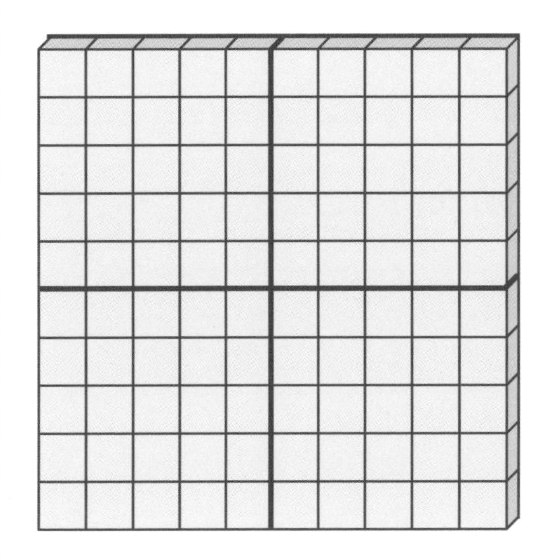

(1) 50 が 2 こで □

(2) 25 が 4 こで □

(3) 20 が 5 こで □

(4) 10 が 10 こで □

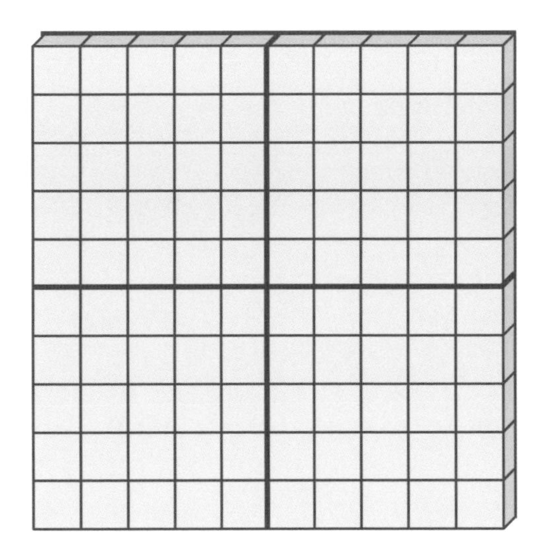

(5) 10 が □ こで 100

(6) □ が 4 こで 100

(7) 50 が □ こで 100

(8) □ が 5 こで 100

33 当てはまる数は？

目標時間は3分

月　　日

図を見て、□に当てはまる数を答えましょう。

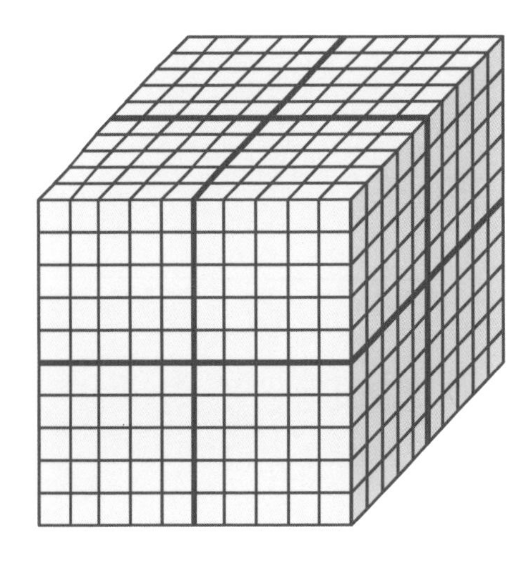

(1) 100 が 3 こで □

(2) 100 が 9 こで □

(3) 100 が 7 こで □

(4) 100 が 10 こで □

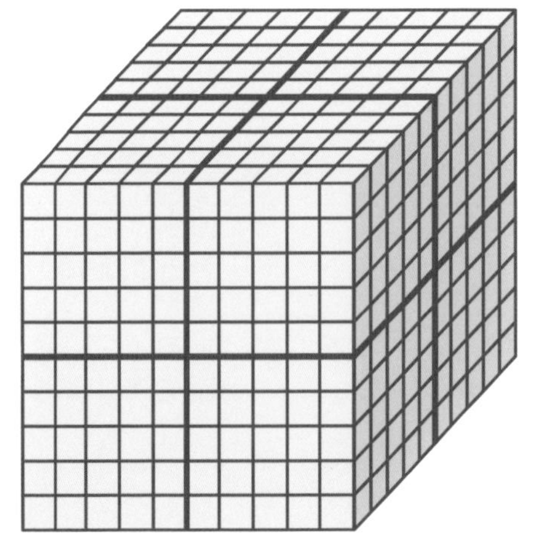

(5) 100 が □ こで 400

(6) □ が 8 こで 800

(7) 100 が □ こで 600

(8) □ が 5 こで 500

34 1本の線ですすもう

目標時間は7分
月　日

つぎのルールにしたがって、入り口から出口まで1本の線でむすびましょう。

〔ルール〕
①てんとう虫のいるマスは、通れません。
②てんとう虫のいないすべてのマスを、通らなければなりません。
③1つのマスは、1回しか通れません。
④すすめる方向は、たてとよこだけで、ななめにはすすめません。

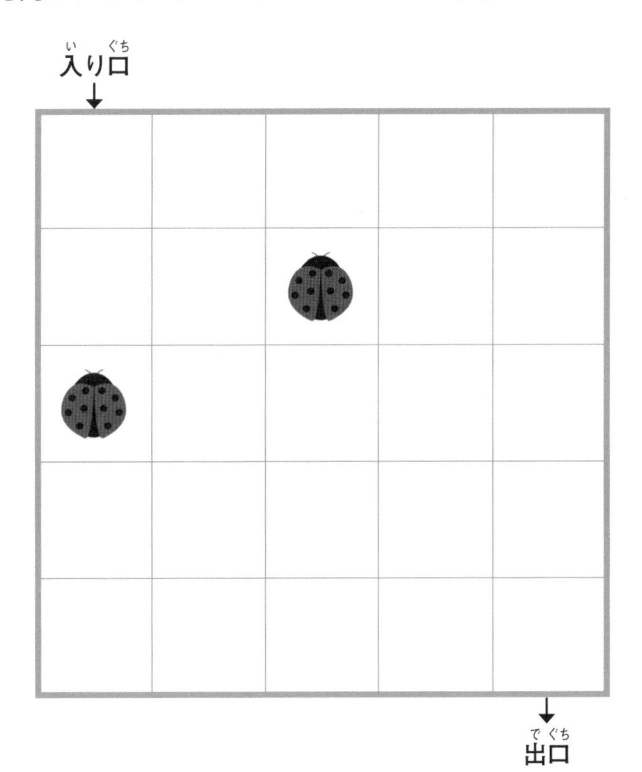

35 1本の線ですすもう

目標時間は７分

月　日

つぎのルールにしたがって、入り口から出口まで１本の線でむすびましょう。

〔ルール〕

①てんとう虫のいるマスは、通れません。

②てんとう虫のいないすべてのマスを、通らなければなりません。

③１つのマスは、１回しか通れません。

④すすめる方向は、たてとよこだけで、ななめにはすすめません。

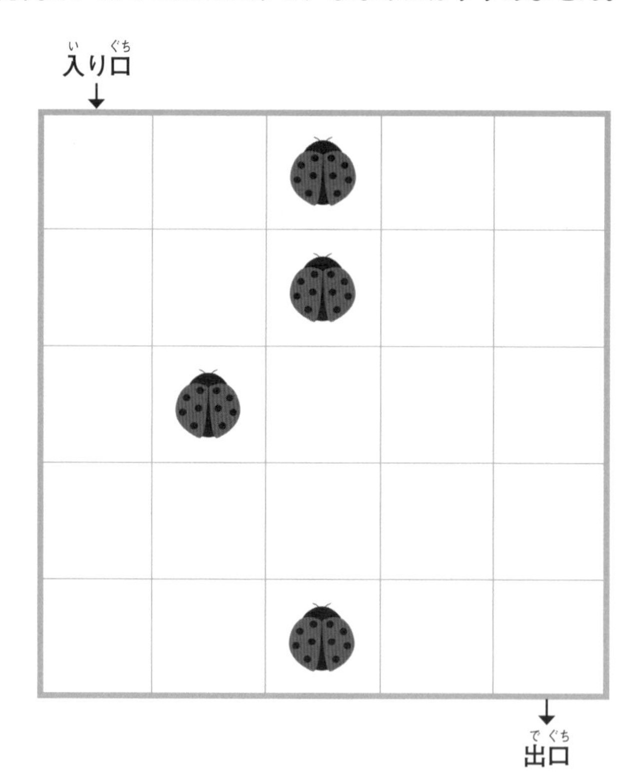

36 文を読んで考えよう

目標時間は 10 分

月　　日

つぎの文を読んで、もんだいに答えましょう。

(1) ウサギは、イヌより体じゅうがかるい。ネコは、イヌより体じゅうがかるい。ネコは、ウサギより体じゅうがかるい。体じゅうが２番目にかるいのは、だれですか。

(2) ヒヨコは、ネズミより体じゅうがおもい。リスは、ネズミより体じゅうがおもい。リスは、ヒヨコより体じゅうがおもい。体じゅうが２番目にかるいのは、だれですか。

(3) カバは、キリンより体じゅうがかるい。ゾウは、キリンより体じゅうがかるい。カバは、ゾウより体じゅうがかるい。体じゅうが２番目にかるいのは、だれですか。

(4) ゾウは、キリンより体じゅうがおもい。ゾウは、カバより体じゅうがおもい。カバは、キリンより体じゅうがおもい。体じゅうが２番目にかるいのは、だれですか。

37 お金のたん位❶

せつめい
れいだい

はじめに お金をつかって、足し算のべんきょうをします。

1 1円玉　10 10円玉　100 100円玉

1 1 / 1 1 / 1 1 / 1 1 / 1 1

1円玉が 10 まいで、10円

10

10 10 / 10 10 / 10 10 / 10 10 / 10 10

10円玉が 10 まいで、100円

100

れいだい さいふのお金について、つぎのもんだいに答えましょう。

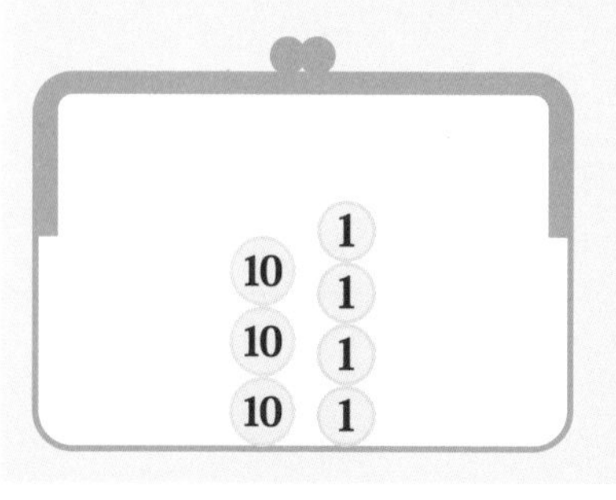

❶ 3円ふえると、いくらですか。 37 円

❷ 23円ふえると、いくらですか。 57 円

❸ 54円ふえると、いくらですか。 88 円

37 お金がふえるといくら？

目標時間は５分

月　日

さいふのお金について、つぎのもんだいに答えましょう。

(1)

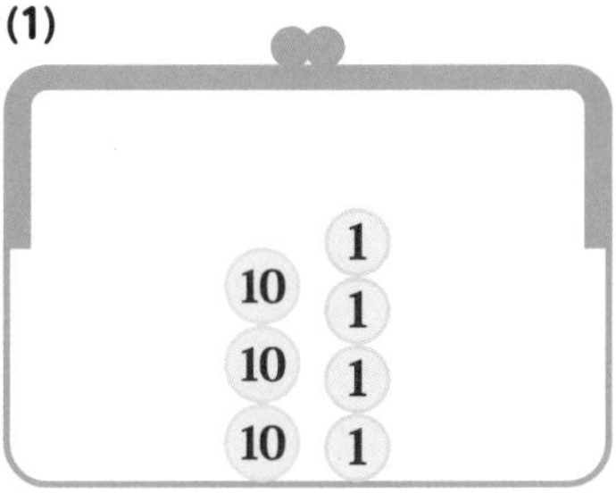

① 5 円ふえると、いくらですか。　□円

② 12 円ふえると、いくらですか。　□円

③ 34 円ふえると、いくらですか。　□円

(2)

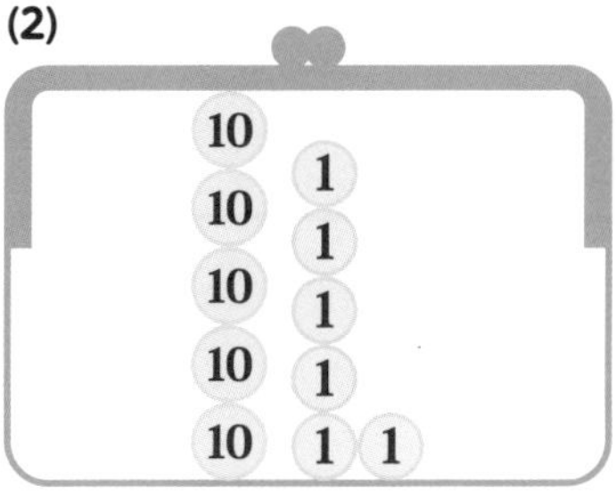

① 3 円ふえると、いくらですか。　□円

② 21 円ふえると、いくらですか。　□円

③ 33 円ふえると、いくらですか。　□円

(3)

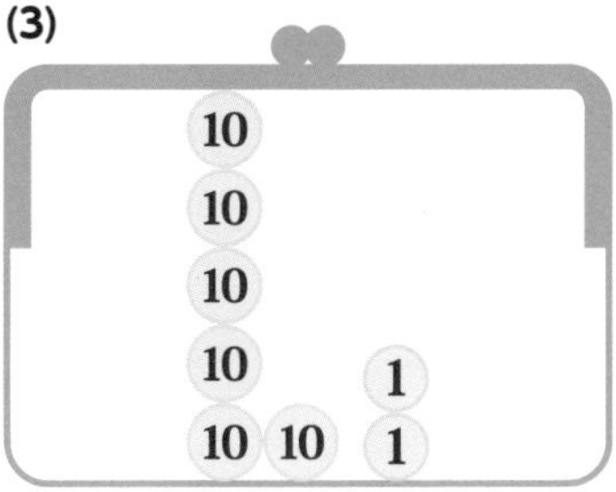

① 7 円ふえると、いくらですか。　□円

② 16 円ふえると、いくらですか。　□円

③ 35 円ふえると、いくらですか。　□円

38 図を見て足し算しよう

目標時間は5分

月　　日

図を見て、計算の答えをもとめましょう。

(1)

10 10 10　1 1 1 1

① 34 ＋ 5 ＝

② 34 ＋ 12 ＝

③ 34 ＋ 34 ＝

(2)

10 10 10 10 10　1 1 1 1 1 1

① 56 ＋ 3 ＝

② 56 ＋ 21 ＝

③ 56 ＋ 33 ＝

(3)

10 10 10 10 10 10　1 1

① 62 ＋ 7 ＝

② 62 ＋ 16 ＝

③ 62 ＋ 35 ＝

39 お金はぜんぶでいくら？

目標時間は5分

月　　日

さいふのお金は、ぜんぶでいくらですか。

(1)

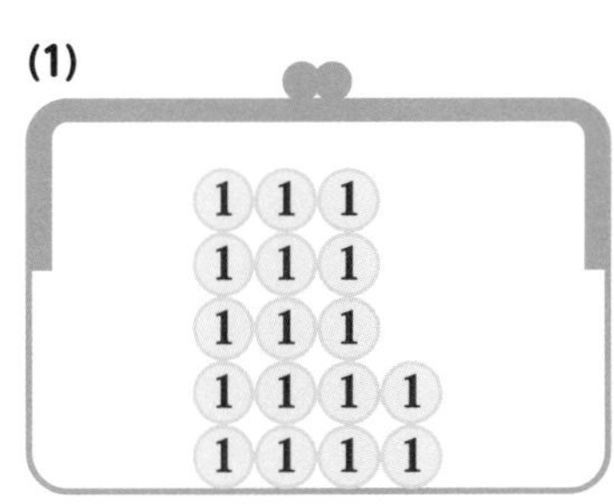

□円

(2)

□円

(3)

□円

(4)

□円

(5)

□円

(6)

□円

40 お金がふえるといくら？

目標時間は5分

月　　日

さいふのお金について、つぎのもんだいに答えましょう。

(1)

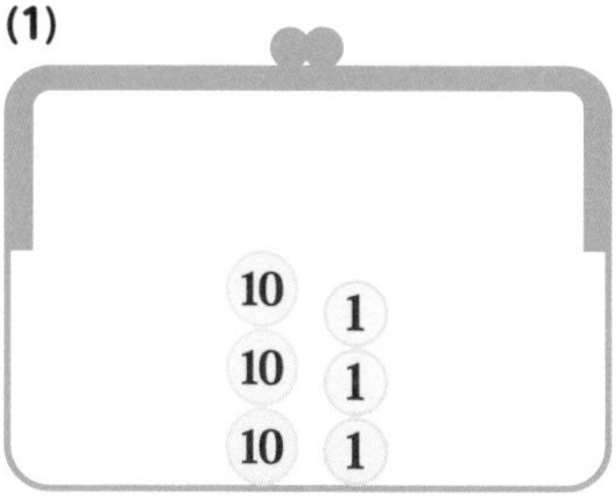

① 17円ふえると、いくらですか。　□円

② 18円ふえると、いくらですか。　□円

③ 37円ふえると、いくらですか。　□円

(2)

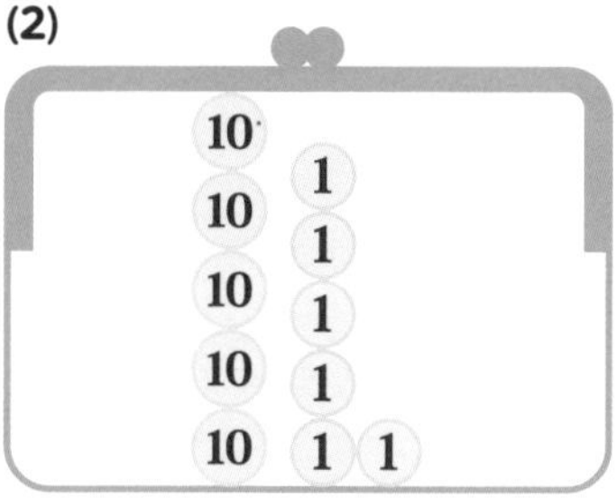

① 14円ふえると、いくらですか。　□円

② 18円ふえると、いくらですか。　□円

③ 34円ふえると、いくらですか。　□円

(3)

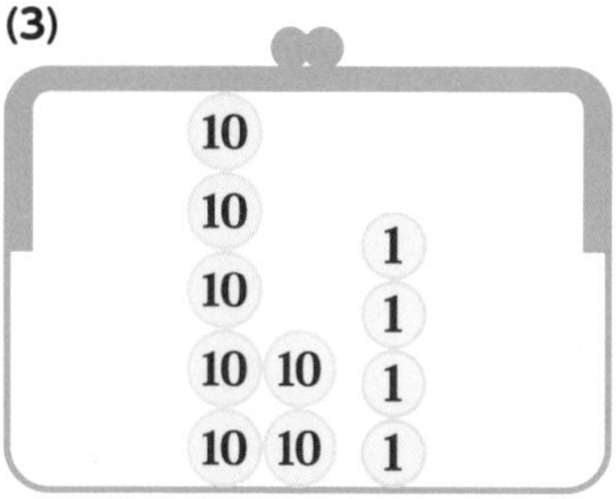

① 16円ふえると、いくらですか。　□円

② 19円ふえると、いくらですか。　□円

③ 36円ふえると、いくらですか。　□円

41 図を見て足し算しよう

目標時間は5分

月　　日

図を見て、計算の答えをもとめましょう。

(1)

10 1
10 1
10 1

① $33 + 17 =$

② $33 + 18 =$

③ $33 + 37 =$

(2)

10 1
10 1
10 1
10 1
10 1 1

① $56 + 14 =$

② $56 + 18 =$

③ $56 + 34 =$

(3)

10
10 1
10 1
10 10 1
10 10 1

① $74 + 16 =$

② $74 + 19 =$

③ $74 + 36 =$

42 1〜4を入れよう

目標時間は 10 分
月 日

つぎのルールにしたがって、あいているマスに 1 〜 4 の数字を入れましょう。

〔ルール〕
①たて、よこそれぞれの 4 れつに、1 〜 4 の数字を 1 つずつ入れます。
②太線でかこまれた 4 つのマスにも、それぞれ 1 〜 4 の数字が 1 つずつ入ります。

(1)

1		2	
	2		3
3		4	
	4		1

(2)

3			4
	2	3	
	4	1	
1			2

(3)

	2		3
3		1	
	1		
4		2	

(4)

			4
1	4		
	2	3	
3			2

43 +、−で式を作ろう

目標時間は8分

月　　日

つぎのれいだいを見て、あとのもんだいの□に当てはまる「+」または「−」の記ごうを書き入れて、式をかんせいさせましょう。
足し算・引き算は、左からじゅんに計算します。

れいだい

8 [+] 4 [−] 3 [+] 6 ＝ 15

(1)

6 □ 3 □ 4 □ 5 ＝ 2

(2)

8 □ 5 □ 1 □ 6 ＝ 6

44 お金をつかうといくら？

目標時間は3分30秒

月　　日

れいだい　さいふのお金について、つぎのもんだいに答えましょう。

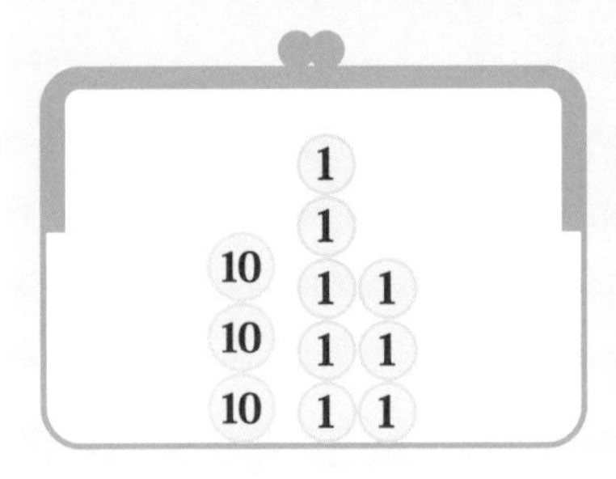

❶ 3円つかうと、いくらのこりますか。 **35** 円

❷ 5円つかうと、いくらのこりますか。 **33** 円

❸ 10円つかうと、いくらのこりますか。 **28** 円

さいふのお金について、つぎのもんだいに答えましょう。

(1)

10 10 10 1 1 1 1 1

① 1円つかうと、いくらのこりますか。 　　　円

② 5円つかうと、いくらのこりますか。 　　　円

③ 20円つかうと、いくらのこりますか。 　　　円

(2)

10 10 10 10 10 1 1 1 1 1 1 1

① 2円つかうと、いくらのこりますか。 　　　円

② 7円つかうと、いくらのこりますか。 　　　円

③ 30円つかうと、いくらのこりますか。 　　　円

45 図を見て引き算しよう

目標時間は5分

月　　日

図を見て、計算の答えをもとめましょう。

(1)

10 10 10 1 1 1 1 1

① 35 － 1 ＝ ☐

② 35 － 5 ＝ ☐

③ 35 － 20 ＝ ☐

(2)

10 10 10 10 10 1 1 1 1 1 1 1

① 57 － 2 ＝ ☐

② 57 － 7 ＝ ☐

③ 57 － 30 ＝ ☐

(3)

10 10 10 10 10 10 10 1 1 1 1 1 1

① 76 － 3 ＝ ☐

② 76 － 6 ＝ ☐

③ 76 － 20 ＝ ☐

46 お金をつかうといくら？

目標時間は5分

月　　日

さいふのお金について、つぎのもんだいに答えましょう。

(1)

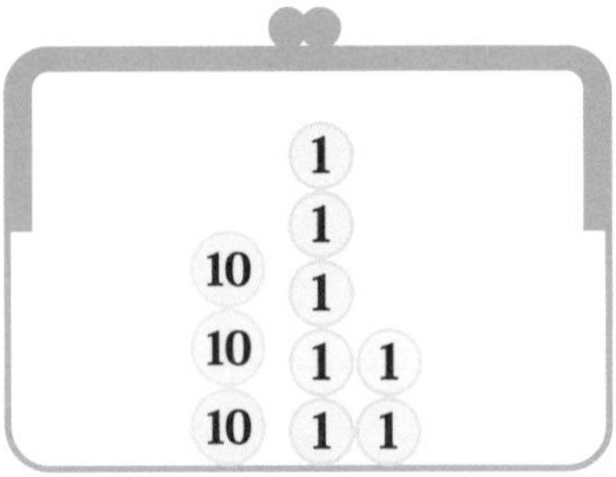

① 20円つかうと、いくらのこりますか。　　　　円

② 17円つかうと、いくらのこりますか。　　　　円

③ 23円つかうと、いくらのこりますか。　　　　円

(2)

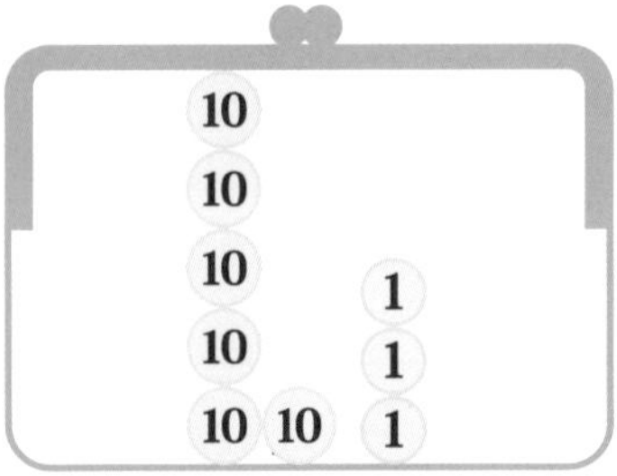

① 20円つかうと、いくらのこりますか。　　　　円

② 33円つかうと、いくらのこりますか。　　　　円

③ 41円つかうと、いくらのこりますか。　　　　円

(3)

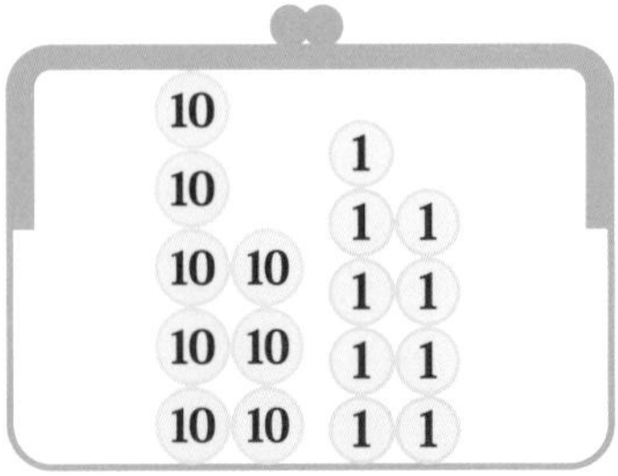

① 50円つかうと、いくらのこりますか。　　　　円

② 29円つかうと、いくらのこりますか。　　　　円

③ 64円つかうと、いくらのこりますか。　　　　円

47 図を見て引き算しよう

目標時間は5分

月　日

図を見て、計算の答えをもとめましょう。

(1)

10 10 10 1 1 1 1 1 1 1

① $37 - 20 =$ ☐

② $37 - 17 =$ ☐

③ $37 - 23 =$ ☐

(2)

10 10 10 10 10 10 1 1 1

① $63 - 20 =$ ☐

② $63 - 33 =$ ☐

③ $63 - 41 =$ ☐

(3)

10 10 10 10 10 10 10 10 1 1 1 1 1 1 1 1 1

① $89 - 50 =$ ☐

② $89 - 29 =$ ☐

③ $89 - 64 =$ ☐

48 お金をつかうといくら？

目標時間は5分
月　日

さいふのお金について、つぎのもんだいに答えましょう。

(1)

10 10 10 10 1 1 1

① 23円つかうと、いくらのこりますか。　□円

② 25円つかうと、いくらのこりますか。　□円

③ 28円つかうと、いくらのこりますか。　□円

(2)

10 10 10 10 10 10 1 1 1 1 1

① 25円つかうと、いくらのこりますか。　□円

② 37円つかうと、いくらのこりますか。　□円

③ 39円つかうと、いくらのこりますか。　□円

(3)

10 10 10 10 10 1 1 1 1

① 34円つかうと、いくらのこりますか。　□円

② 45円つかうと、いくらのこりますか。　□円

③ 48円つかうと、いくらのこりますか。　□円

49 図を見て引き算しよう

目標時間は5分
月　日

図を見て、計算の答えをもとめましょう。

(1)

10 10 10 10
1 1 1

① 43 － 23 ＝

② 43 － 25 ＝

③ 43 － 28 ＝

(2)

10 10 10 10 10 10
1 1 1 1 1

① 65 － 25 ＝

② 65 － 37 ＝

③ 65 － 39 ＝

(3)

10 10 10 10 10
1 1 1 1

① 54 － 34 ＝

② 54 － 45 ＝

③ 54 － 48 ＝

50 同じ数字をむすぼう

目標時間は 10 分

月　日

つぎのルールにしたがって、線を書きましょう。

※答えは、いくつかある場合があります。

〔ルール〕

①同じ数字を、たて、よこの線でむすびます。

②線は、マスのまん中を通ります。

③線と線が、交わってはいけません。

④線は、数字の入っているマスを通れません。

⑤数字の入っていないすべてのマスを、1 回だけ通ります。

1	2	3	4	
			3	
			2	4
	1	5		5

51 同じ数字をむすぼう

目標時間は 10 分

月　　日

つぎのルールにしたがって、線を書きましょう。

〔ルール〕

①同じ数字を、たて、よこの線でむすびます。

②線は、マスのまん中を通ります。

③線と線が、交わってはいけません。

④線は、数字の入っているマスを通れません。

⑤数字の入っていないすべてのマスを、1 回だけ通ります。

1	2			
	3			
		1	3	
4	5			2
		4		5

52 足して同じ数にしよう

目標時間は7分

月　　日

下のひょうに、1～9の数を1つずつ入れて、たてに足しても、よこに足しても、ななめに足しても、それぞれの3つの数の合計が、同じになるようにします。あいているマスに、数を入れましょう。

8		4
1		
6		

53 足して同じ数にしよう

目標時間は7分

月　日

下のひょうに、1～9の数を1つずつ入れて、たてに足しても、よこに足しても、ななめに足しても、それぞれの3つの数の合計が、同じになるようにします。あいているマスに、数を入れましょう。

8		
6	7	2

54 お金のたん位❷

せつめい
れいだい

はじめに　お金をつかって、足し算のべんきょうをします。

1　1円玉　　10　10円玉

100　100円玉　　1000　1000円札

1円玉が 10 まいで、10円
10

10円玉が 10 まいで、100円
100

100円玉が 10 まいで、1000円
1000

れいだい　お金はぜんぶで、いくらですか。

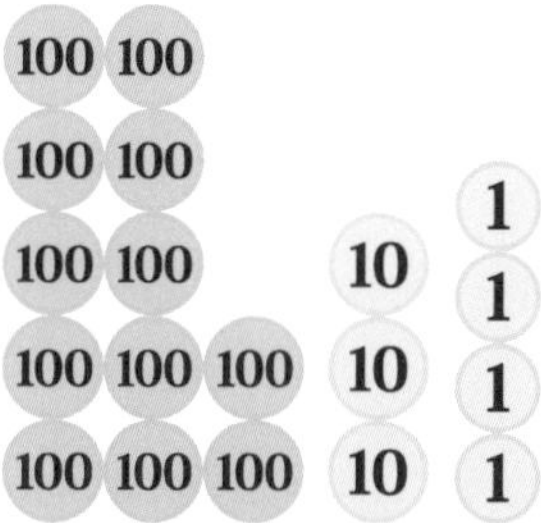

100 100 100 100 100 100 100 100 100 100 100 100
10 10 10
1 1 1 1

1234 円

54 お金はぜんぶでいくら？

目標時間は5分

月　日

お金はぜんぶで、いくらですか。

(1) 1000 100 100 100 100 100 10 10 10 1 1 1 1 1 1 1

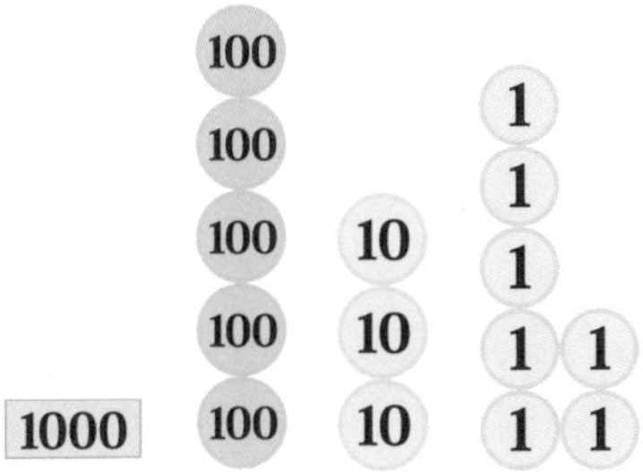

□円

(2) 1000 100 100 100 100 100 100 1 1 1 1 1 1 1 1 1

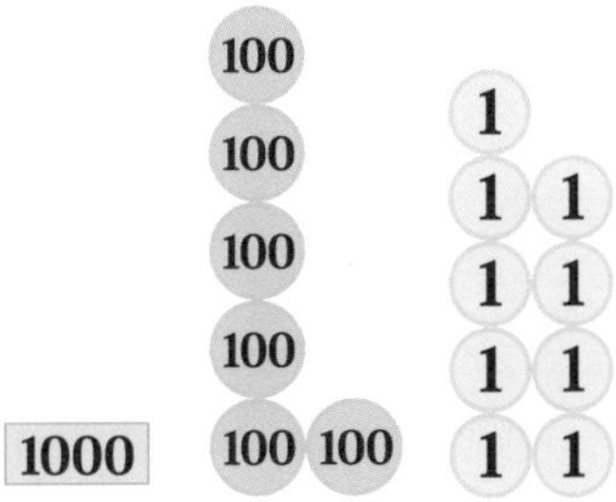

□円

(3) 1000 100 100 10 10 10 10 10 10 10 10 10 10 10 10 1 1 1 1 1 1 1 1

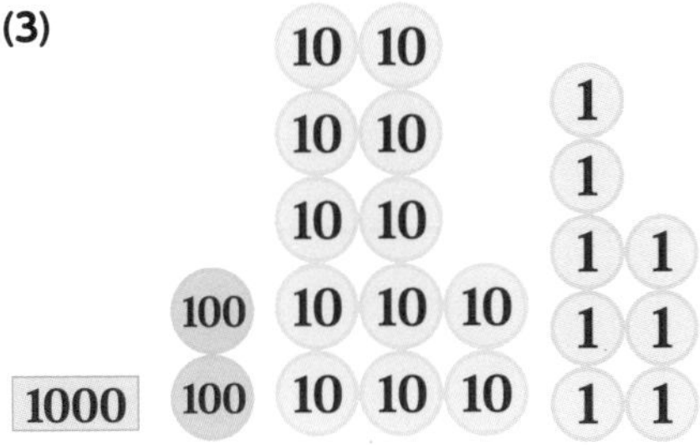

□円

(4) 100 100 100 100 100 100 100 100 100 100 100 100 10 10 10 10 10 1 1 1 1 1 1

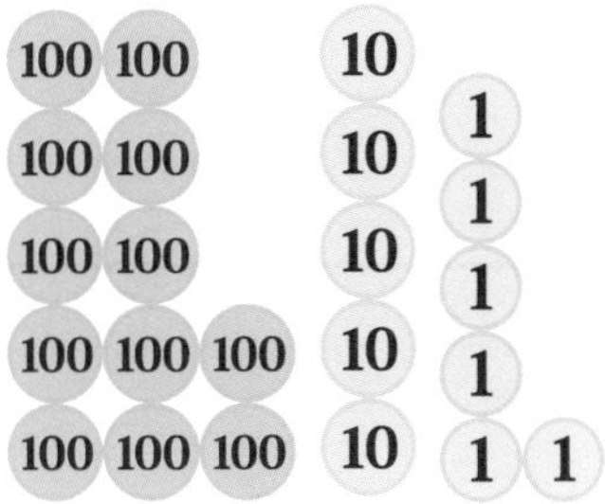

□円

(5) 100 100 100 100 100 100 100 100 100 10 10 10 10 10 10 10 10 10 10 1 1 1 1 1 1

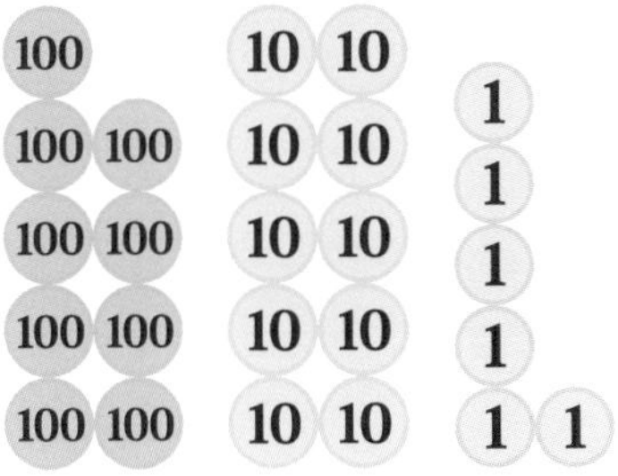

□円

(6) 100 100 100 100 100 100 100 100 100 10 10 10 10 10 10 10 10 10 10 10 10 1 1 1 1 1 1 1

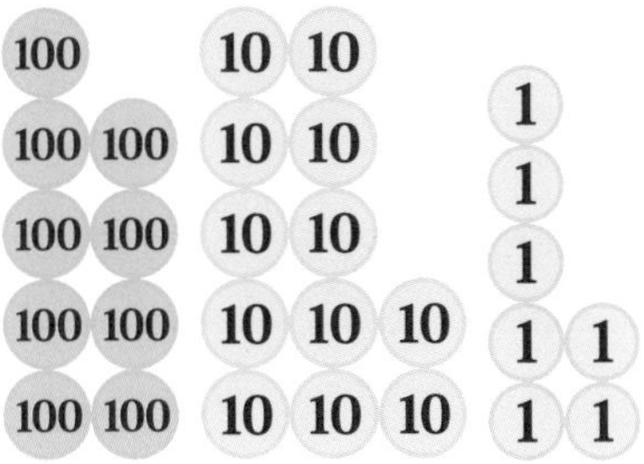

□円

55 お金がふえるといくら？

目標時間は5分

月　日

さいふのお金について、つぎのもんだいに答えましょう。

(1)

① 40円ふえると、いくらですか。　　円

② 140円ふえると、いくらですか。　　円

③ 160円ふえると、いくらですか。　　円

(2)

① 27円ふえると、いくらですか。　　円

② 127円ふえると、いくらですか。　　円

③ 227円ふえると、いくらですか。　　円

(3)

① 53円ふえると、いくらですか。　　円

② 153円ふえると、いくらですか。　　円

③ 353円ふえると、いくらですか。　　円

56 図を見て足し算しよう

目標時間は5分
月　　日

図を見て、計算の答えをもとめましょう。

(1)

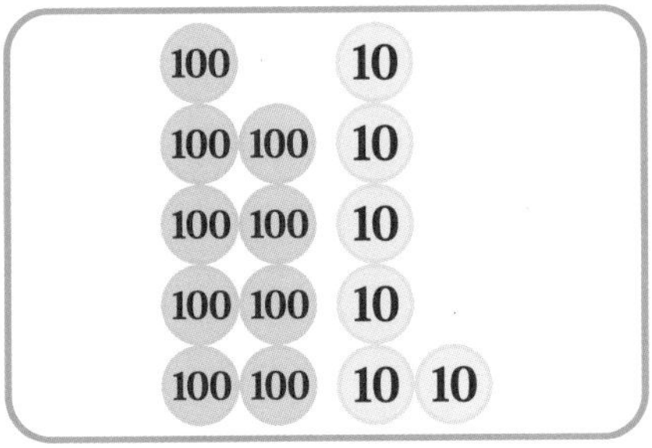

① 960 ＋ 40 ＝ □

② 960 ＋ 140 ＝ □

③ 960 ＋ 160 ＝ □

(2)

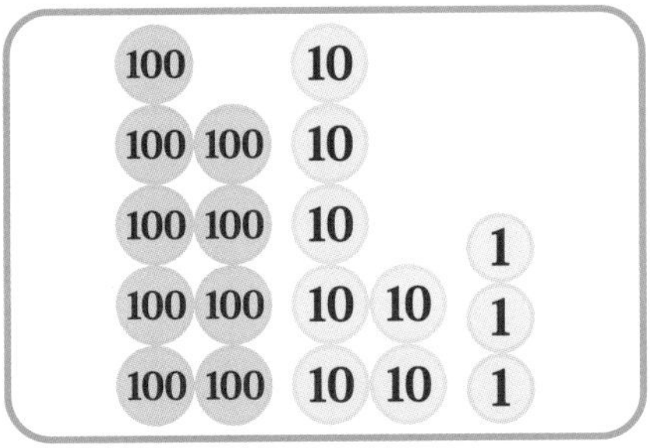

① 973 ＋ 27 ＝ □

② 973 ＋ 127 ＝ □

③ 973 ＋ 227 ＝ □

(3)

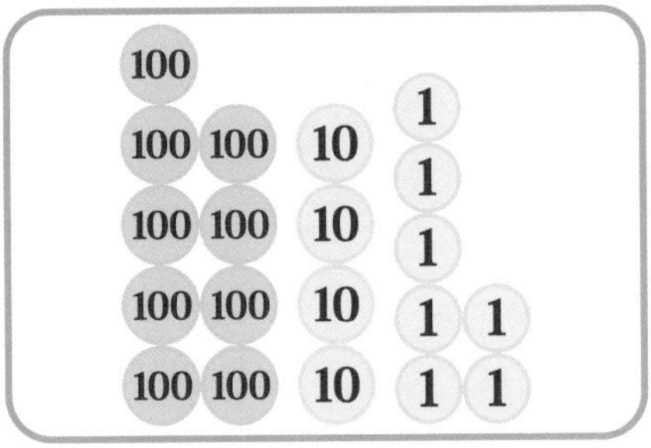

① 947 ＋ 53 ＝ □

② 947 ＋ 153 ＝ □

③ 947 ＋ 353 ＝ □

57 お金がふえるといくら？

目標時間は5分

月　　日

さいふのお金について、つぎのもんだいに答えましょう。

(1)

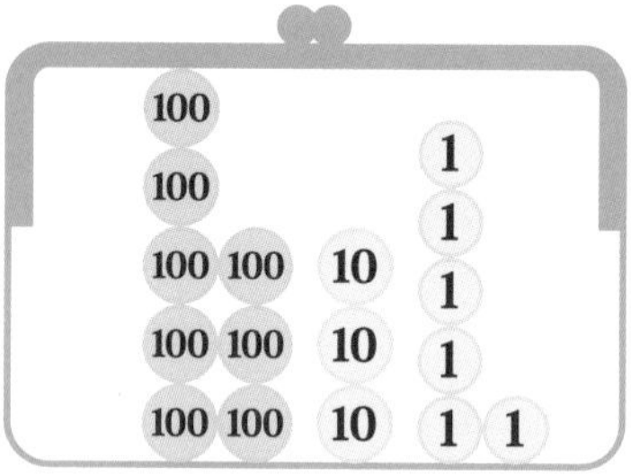

① 64円ふえると、いくらですか。 ＿＿＿円

② 164円ふえると、いくらですか。 ＿＿＿円

③ 275円ふえると、いくらですか。 ＿＿＿円

(2)

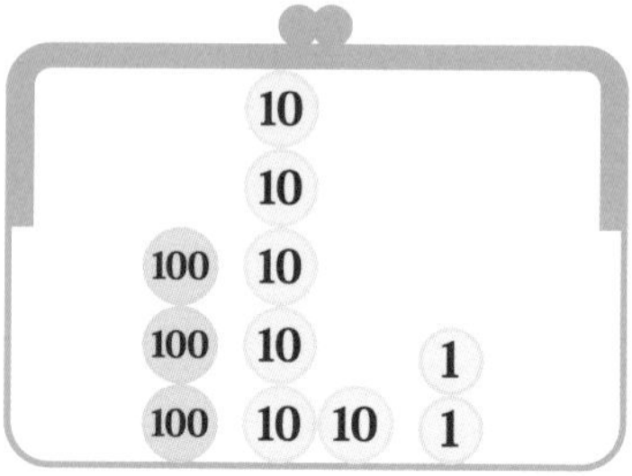

① 38円ふえると、いくらですか。 ＿＿＿円

② 638円ふえると、いくらですか。 ＿＿＿円

③ 749円ふえると、いくらですか。 ＿＿＿円

(3)

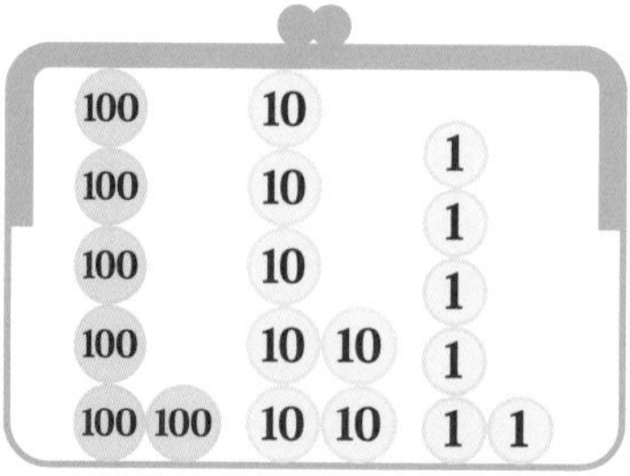

① 24円ふえると、いくらですか。 ＿＿＿円

② 324円ふえると、いくらですか。 ＿＿＿円

③ 537円ふえると、いくらですか。 ＿＿＿円

58 図を見て足し算しよう

目標時間は5分

月　　日

図を見て、計算の答えをもとめましょう。

(1)

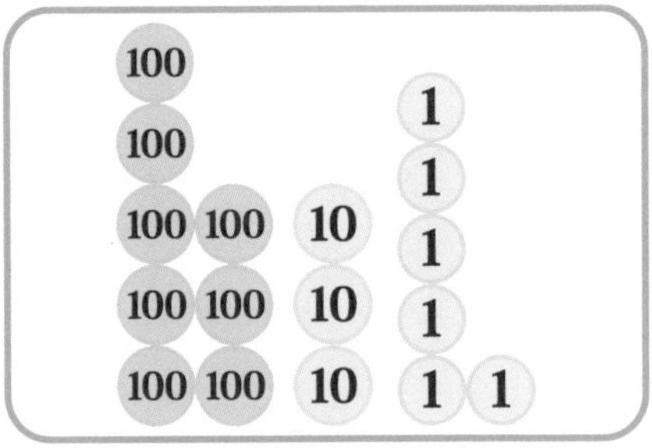

① 836 ＋ 64 ＝

② 836 ＋ 164 ＝

③ 836 ＋ 275 ＝

(2)

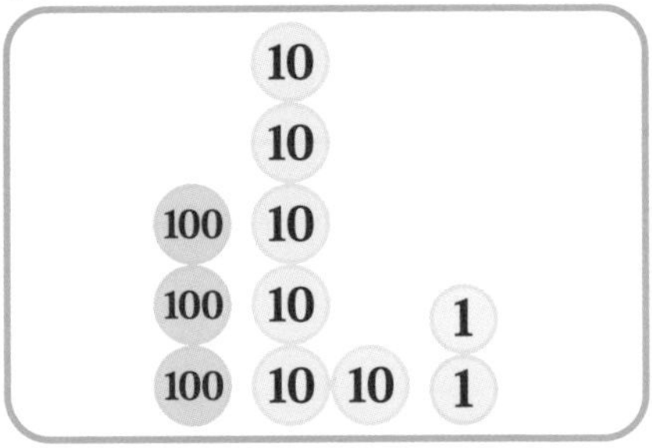

① 362 ＋ 38 ＝

② 362 ＋ 638 ＝

③ 362 ＋ 749 ＝

(3)

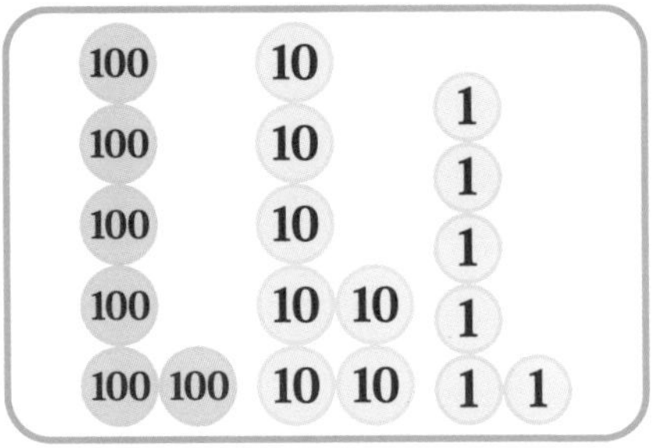

① 676 ＋ 24 ＝

② 676 ＋ 324 ＝

③ 676 ＋ 537 ＝

59 1本の線ですすもう

目標時間は 15 分

月　　日

つぎのルールにしたがって、入り口から出口まで 1 本の線でむすびましょう。

〔ルール〕

①てんとう虫のいるマスは、通れません。

②てんとう虫のいないすべてのマスを、通らなければなりません。

③ 1 つのマスは、1 回しか通れません。

④すすめる方向は、たてとよこだけで、ななめにはすすめません。

(1)

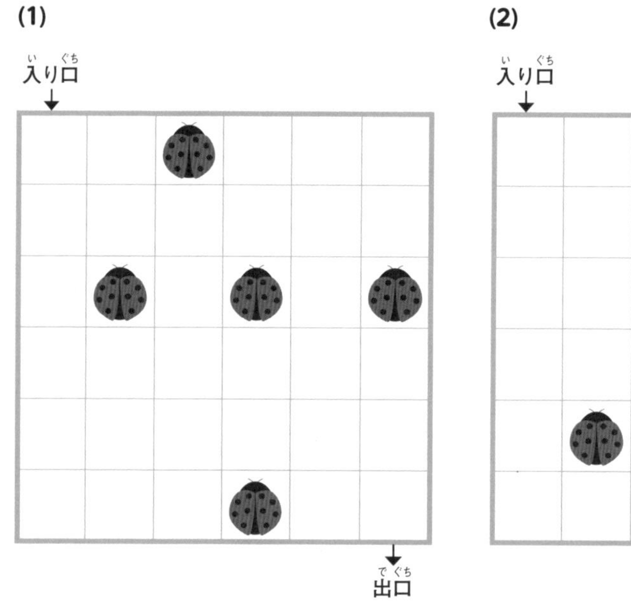

(2)

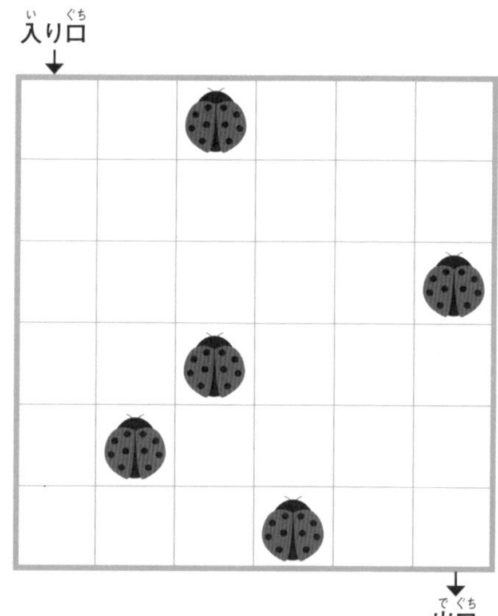

60 文を読んで考えよう

目標時間は 10 分

月　日

つぎの文を読んで、もんだいに答えましょう。

(1) Aは、Bより体じゅうがおもい。Bは、Cより体じゅうがおもい。Cは、Dより体じゅうがおもい。体じゅうが２番目にかるいのは、だれですか。

(2) Aは、Cより体じゅうがかるい。Bは、Cより体じゅうがおもい。Bは、Dより体じゅうがかるい。体じゅうが２番目におもいのは、だれですか。

(3) Bは、Cより体じゅうがかるい。Bは、Aより体じゅうがおもい。Aは、Dより体じゅうがおもい。体じゅうが２番目にかるいのは、だれですか。

(4) Bは、Dより体じゅうがかるい。Dは、Cより体じゅうがかるい。Cは、Aより体じゅうがかるい。体じゅうが２番目におもいのは、だれですか。

61 お金はぜんぶでいくら？

目標時間は5分

月　　日

さいふのお金は、ぜんぶでいくらですか。

(1)

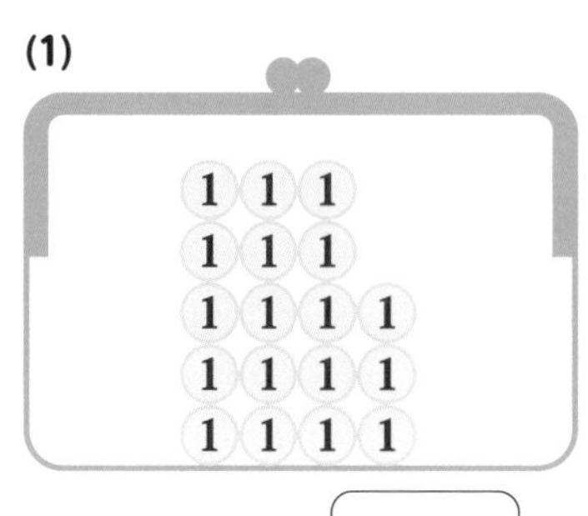

円

(2)

1 1
1 1
1 1
10 1 1 1
10 1 1 1

円

(3)

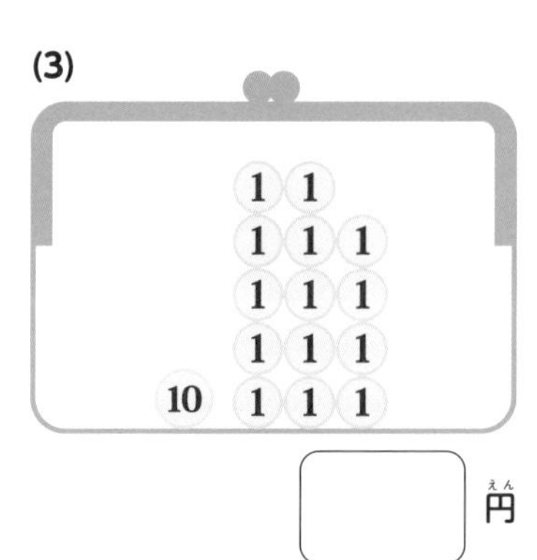

円

(4)

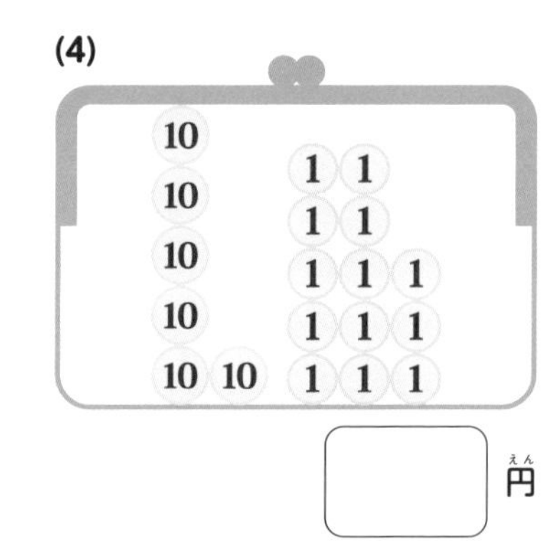

円

(5)

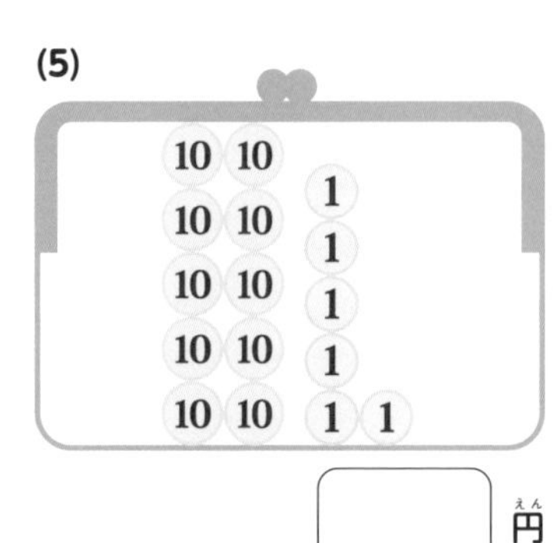

円

(6)

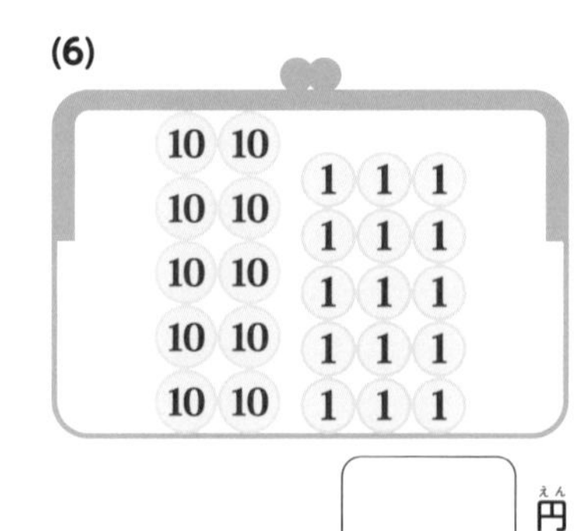

円

62 お金はぜんぶでいくら？

目標時間は5分

月　日

お金はぜんぶで、いくらですか。

(1)

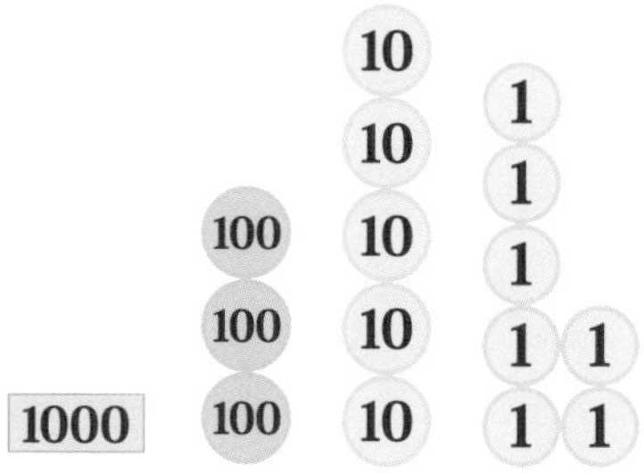

10
1
10
1
100 10 1
100 10 1 1
1000 100 10 1 1

□円

(2)

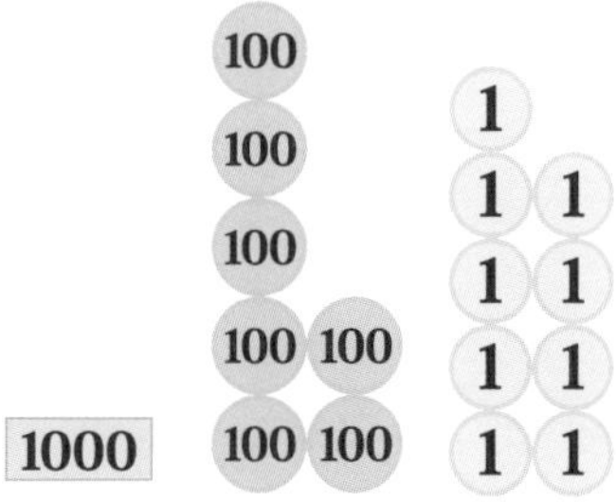

100
1
100
1 1
100
1 1
100 100
1 1
1000 100 100 1 1

□円

(3)

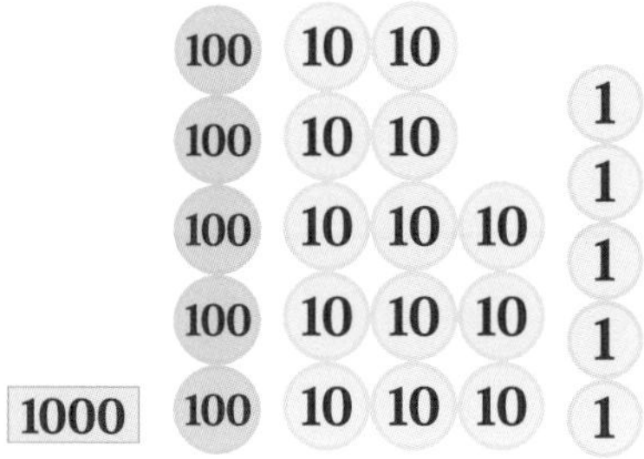

100 10 10
1
100 10 10
1
100 10 10 10
1
100 10 10 10
1
1000 100 10 10 10 1

□円

(4)

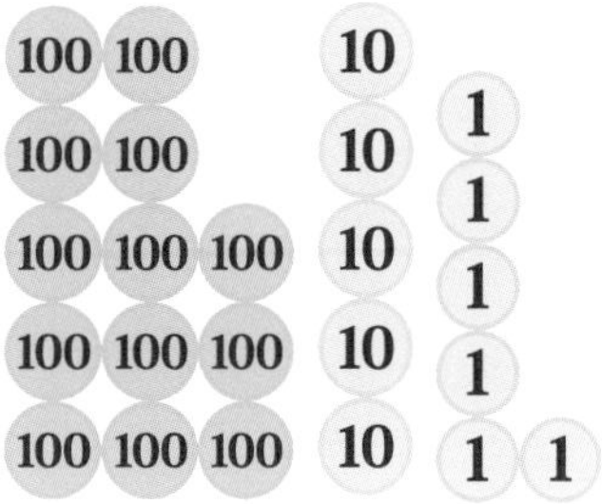

100 100 10
1
100 100 10
1
100 100 100 10
1
100 100 100 10
1
100 100 100 10 1 1

□円

(5)

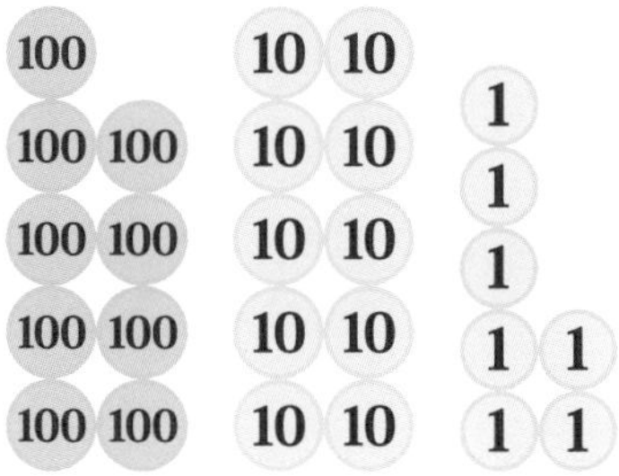

100 10 10
1
100 100 10 10
1
100 100 10 10
1
100 100 10 10
1 1
100 100 10 10 1 1

□円

(6)

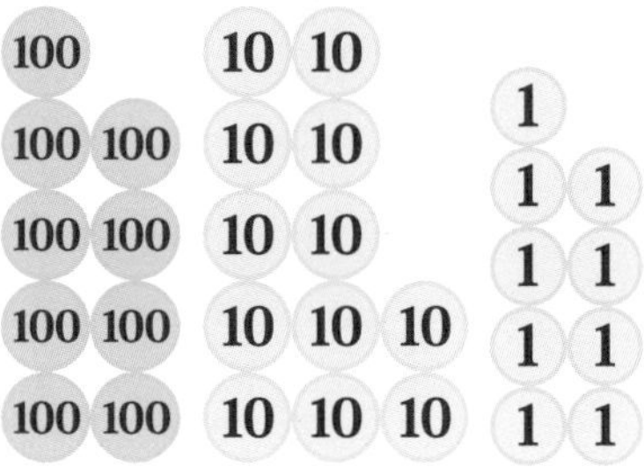

100 10 10
1
100 100 10 10
1 1
100 100 10 10
1 1
100 100 10 10 10
1 1
100 100 10 10 10 1 1

□円

63 お金がふえるといくら？

目標時間は5分

月　　日

さいふのお金について、つぎのもんだいに答えましょう。

(1)

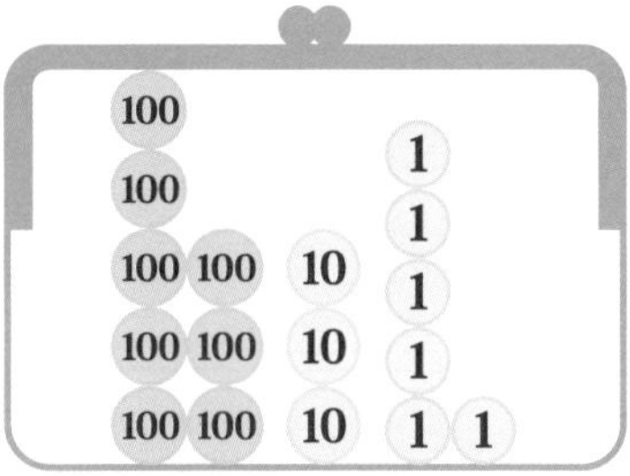

① 24円ふえると、いくらですか。　□円

② 64円ふえると、いくらですか。　□円

③ 125円ふえると、いくらですか。　□円

(2)

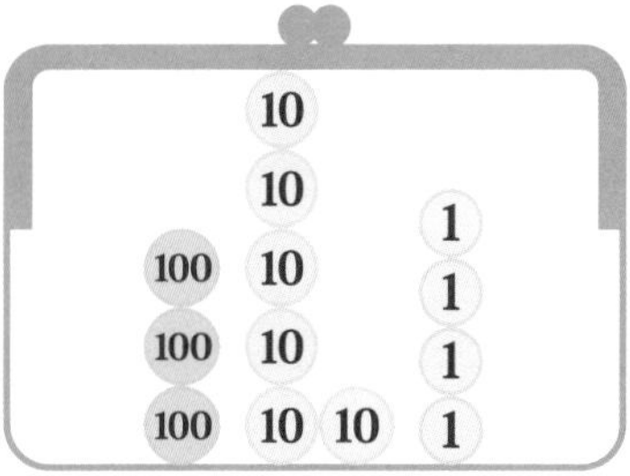

① 26円ふえると、いくらですか。　□円

② 336円ふえると、いくらですか。　□円

③ 283円ふえると、いくらですか。　□円

(3)

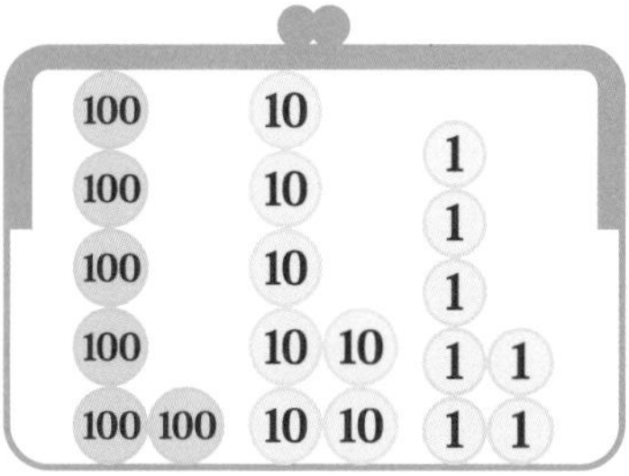

① 13円ふえると、いくらですか。　□円

② 223円ふえると、いくらですか。　□円

③ 323円ふえると、いくらですか。　□円

64 図を見て足し算しよう

目標時間は5分

月　　日

図を見て、計算の答えをもとめましょう。

(1)

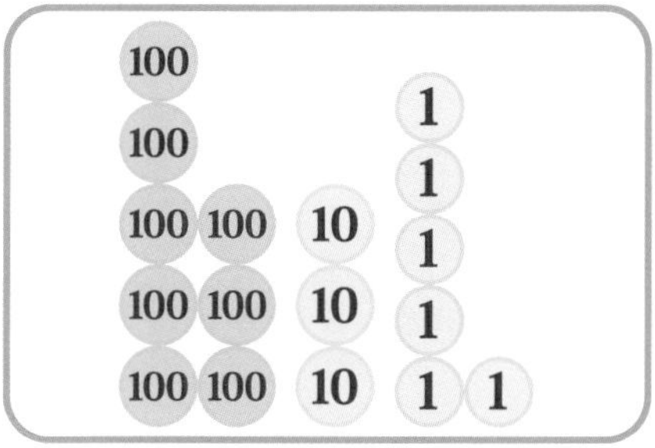

100 100 100 100 100 100 100 100 10 10 10 1 1 1 1 1 1

① 836 ＋ 24 ＝

② 836 ＋ 64 ＝

③ 836 ＋ 125 ＝

(2)

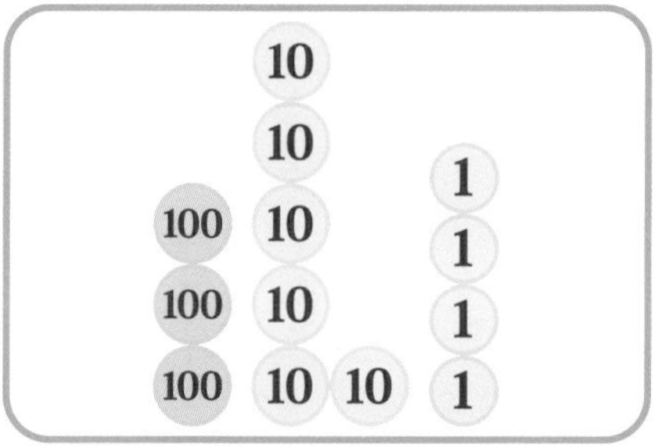

100 100 100 10 10 10 10 10 10 1 1 1 1

① 364 ＋ 26 ＝

② 364 ＋ 336 ＝

③ 364 ＋ 283 ＝

(3)

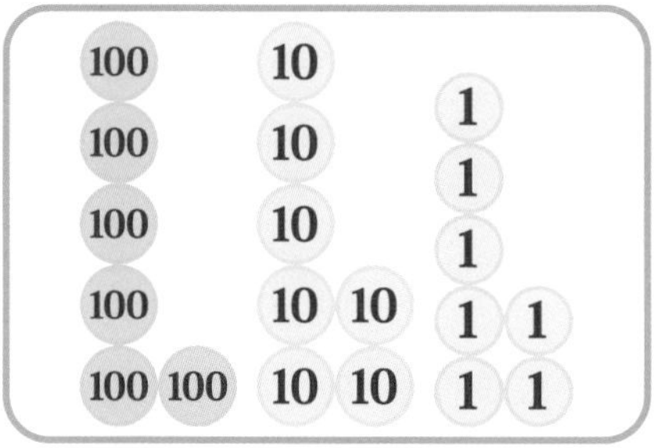

100 100 100 100 100 100 10 10 10 10 10 10 10 1 1 1 1 1 1 1

① 677 ＋ 13 ＝

② 677 ＋ 223 ＝

③ 677 ＋ 323 ＝

65 お金をつかうといくら？

目標時間は５分

月　　日

さいふのお金について、つぎのもんだいに答えましょう。

(1)

① 25 円つかうと、いくらのこりますか。　□円

② 27 円つかうと、いくらのこりますか。　□円

③ 29 円つかうと、いくらのこりますか。　□円

(2)

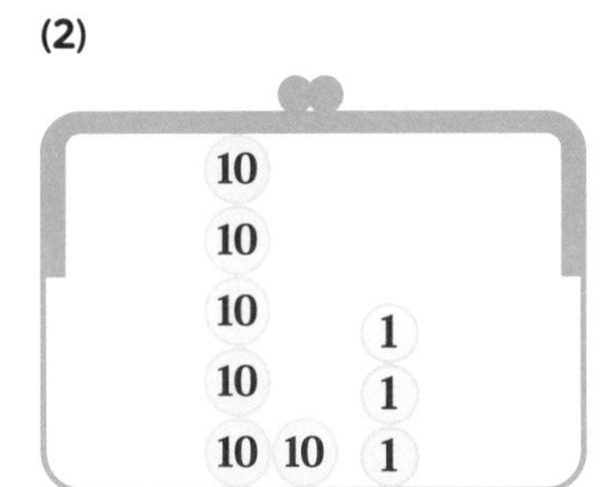

① 33 円つかうと、いくらのこりますか。　□円

② 35 円つかうと、いくらのこりますか。　□円

③ 38 円つかうと、いくらのこりますか。　□円

(3)

① 44 円つかうと、いくらのこりますか。　□円

② 45 円つかうと、いくらのこりますか。　□円

③ 48 円つかうと、いくらのこりますか。　□円

66 図を見て引き算しよう

目標時間は5分

月 日

図を見て、計算の答えをもとめましょう。

(1)

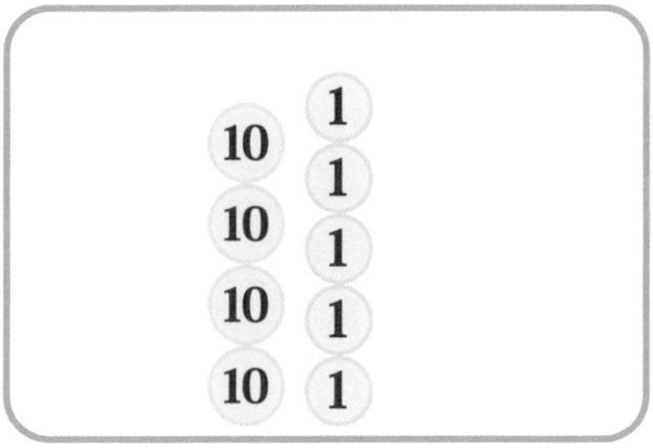

①　45 − 25 =

②　45 − 27 =

③　45 − 29 =

(2)

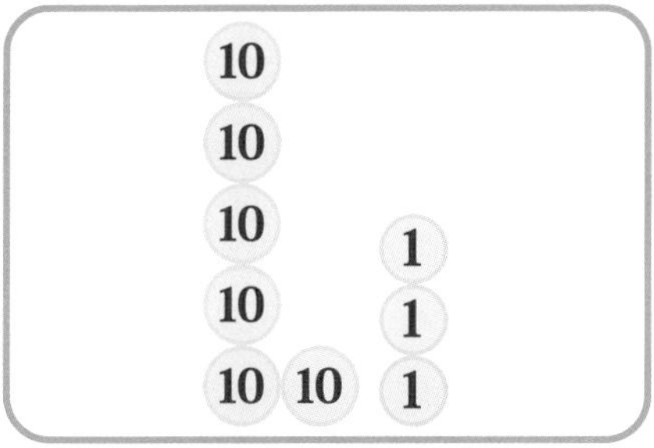

①　63 − 33 =

②　63 − 35 =

③　63 − 38 =

(3)

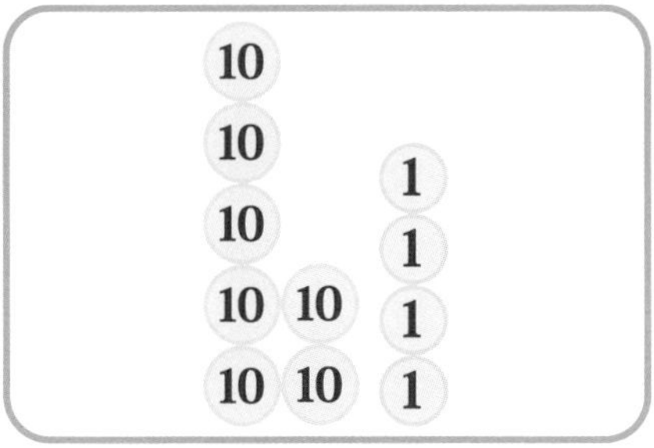

①　74 − 44 =

②　74 − 45 =

③　74 − 48 =

67 1～6を入れよう

目標時間は20分

月　　日

つぎのルールにしたがって、あいているマスに1～6の数字を入れましょう。

〔ルール〕

①たて、よこそれぞれの6れつに、1～6の数字を1つずつ入れます。

②太線でかこまれた6つのマスにも、それぞれ1～6の数字が1つずつ入ります。

2		6	3		
		1	6		4
	1			4	
		2			
			1		
	6			5	

68 ＋、－で式を作ろう

目標時間は 10 分

月　　日

つぎのれいだいを見て、あとのもんだいの□に当てはまる「＋」または「－」の記ごうを書き入れて、式をかんせいさせましょう。
足し算・引き算は、左からじゅんに計算します。

れいだい

8 ＋ 4 － 3 ＋ 6 ＝ 15

(1)

7 □ 3 □ 4 □ 2 ＝ 6

(2)

7 □ 4 □ 6 □ 5 ＝ 10

69 お金をつかうといくら？

目標時間は3分30秒

月　　日

れいだい　さいふのお金について、つぎのもんだいに答えましょう。

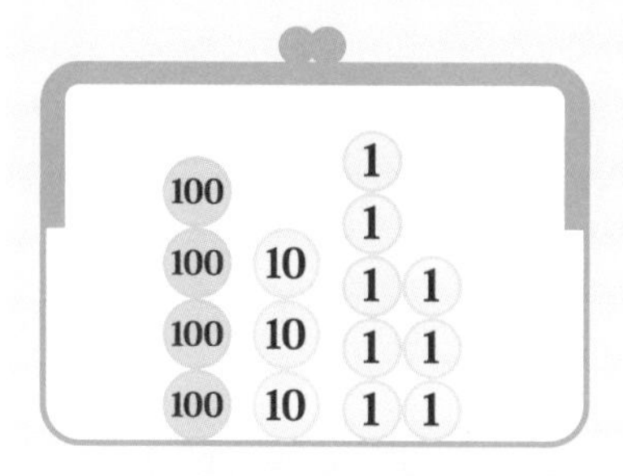

❶ 200円つかうと、いくらのこりますか。 **238** 円

❷ 30円つかうと、いくらのこりますか。 **408** 円

❸ 103円つかうと、いくらのこりますか。 **335** 円

さいふのお金について、つぎのもんだいに答えましょう。

(1)

① 200円つかうと、いくらのこりますか。 　　　円

② 40円つかうと、いくらのこりますか。 　　　円

③ 320円つかうと、いくらのこりますか。 　　　円

(2)

① 100円つかうと、いくらのこりますか。 　　　円

② 80円つかうと、いくらのこりますか。 　　　円

③ 106円つかうと、いくらのこりますか。 　　　円

70 図を見て引き算しよう

目標時間は5分

月　日

図を見て、計算の答えをもとめましょう。

(1)

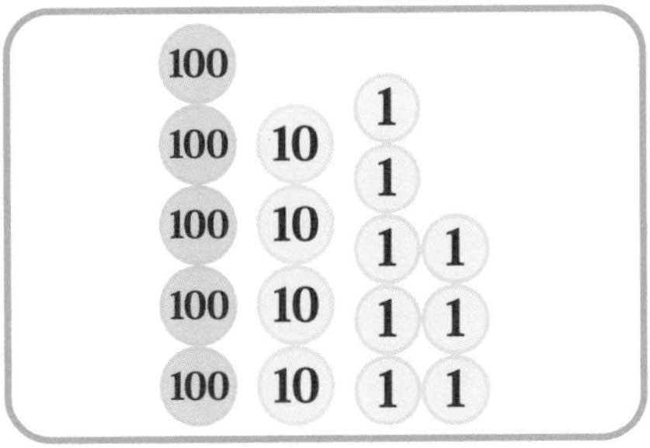

① 548 － 200 ＝

② 548 － 40 ＝

③ 548 － 320 ＝

(2)

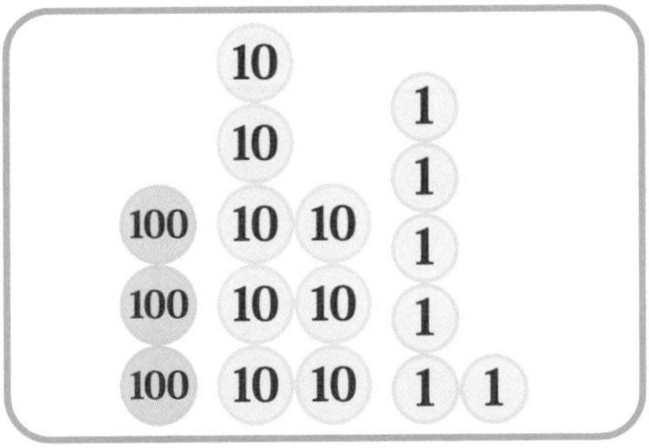

① 386 － 100 ＝

② 386 － 80 ＝

③ 386 － 106 ＝

(3)

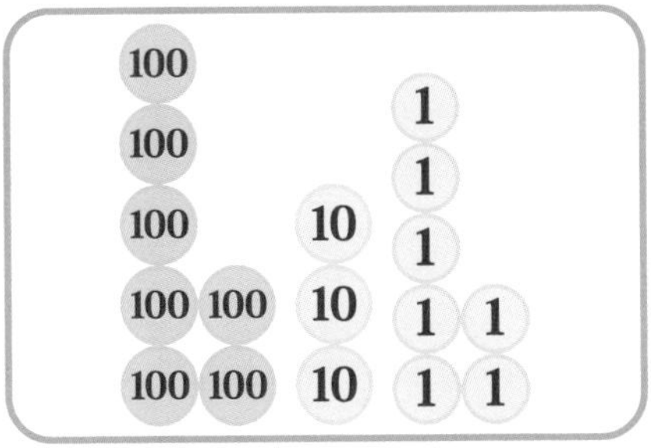

① 737 － 300 ＝

② 737 － 30 ＝

③ 737 － 407 ＝

71 お金をつかうといくら？

目標時間は5分

月　日

さいふのお金について、つぎのもんだいに答えましょう。

(1)

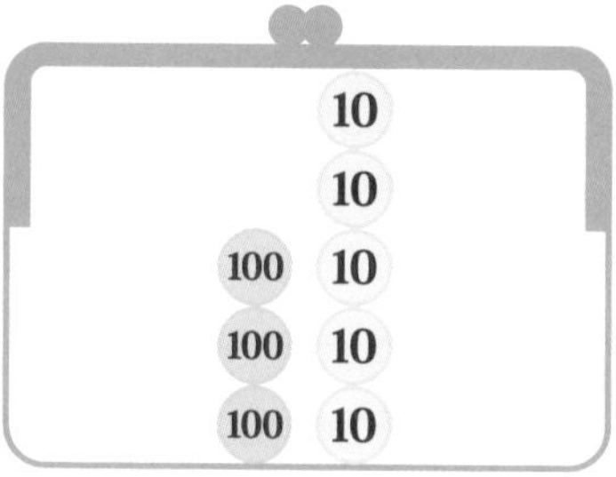

100 100 100 10 10 10 10 10

① 120円つかうと、いくらのこりますか。　□円

② 115円つかうと、いくらのこりますか。　□円

③ 180円つかうと、いくらのこりますか。　□円

(2)

100 100 100 100 100 100 100 10 10 10

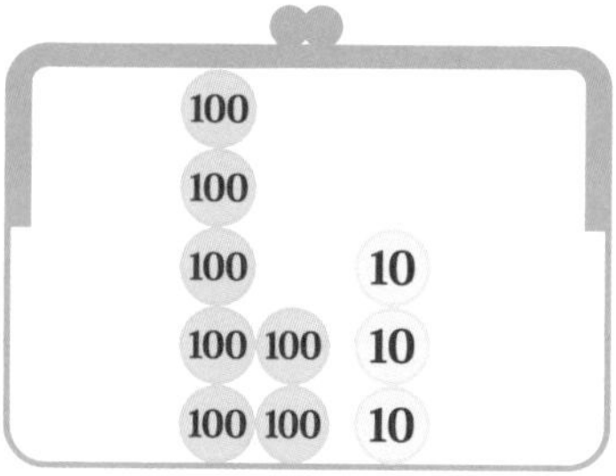

① 320円つかうと、いくらのこりますか。　□円

② 225円つかうと、いくらのこりますか。　□円

③ 450円つかうと、いくらのこりますか。　□円

(3)

100 100 100 100 100 100 10 10 10 10 10 10 10

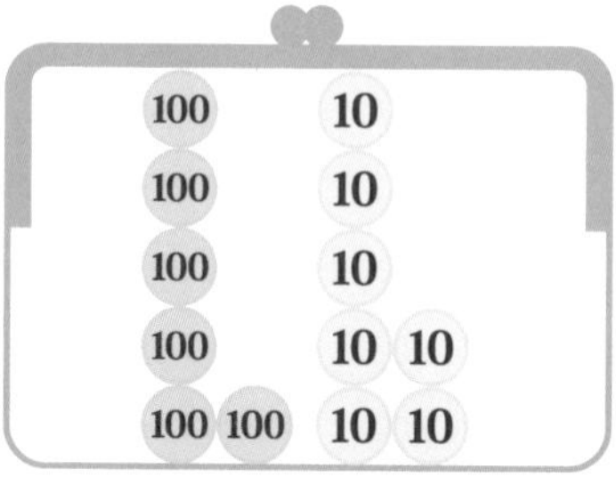

① 250円つかうと、いくらのこりますか。　□円

② 326円つかうと、いくらのこりますか。　□円

③ 490円つかうと、いくらのこりますか。　□円

72 図を見て引き算しよう

目標時間は5分

月　　日

図を見て、計算の答えをもとめましょう。

(1)

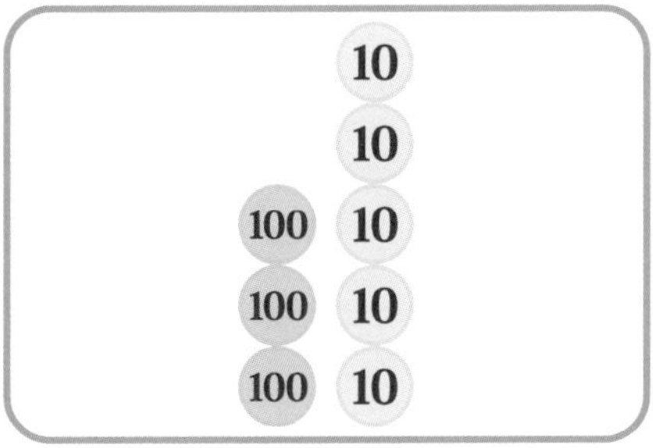

① 350 － 120 ＝

② 350 － 115 ＝

③ 350 － 180 ＝

(2)

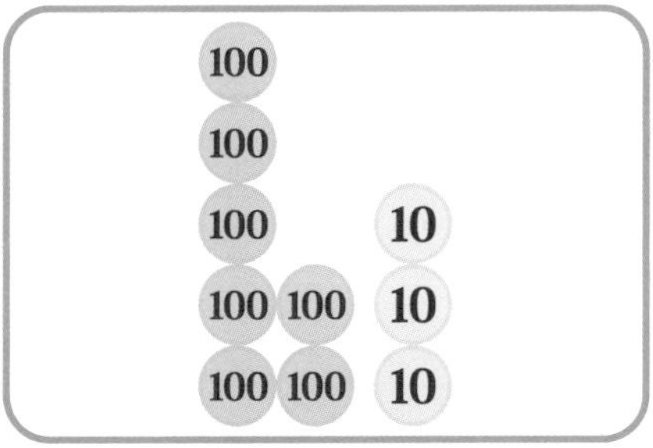

① 730 － 320 ＝

② 730 － 225 ＝

③ 730 － 450 ＝

(3)

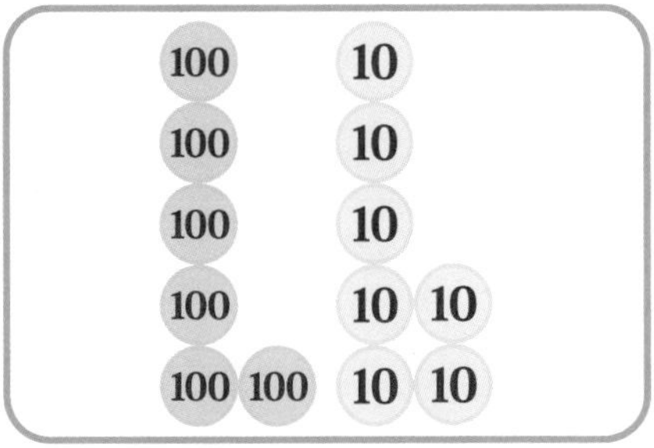

① 670 － 250 ＝

② 670 － 326 ＝

③ 670 － 490 ＝

73 お金をつかうといくら？

目標時間は5分
月　　日

さいふのお金について、つぎのもんだいに答えましょう。

(1)

① 180円つかうと、いくらのこりますか。　　　円

② 209円つかうと、いくらのこりますか。　　　円

③ 277円つかうと、いくらのこりますか。　　　円

(2)

① 365円つかうと、いくらのこりますか。　　　円

② 218円つかうと、いくらのこりますか。　　　円

③ 458円つかうと、いくらのこりますか。　　　円

(3)

① 372円つかうと、いくらのこりますか。

円

② 429円つかうと、いくらのこりますか。　　　円

③ 286円つかうと、いくらのこりますか。　　　円

74 図を見て引き算しよう

目標時間は5分

月　　日

図を見て、計算の答えをもとめましょう。

(1)

10
1
100 10 1
100 10 1
100 10 1
100 10 10 1 1

① 466 － 180 ＝

② 466 － 209 ＝

③ 466 － 277 ＝

(2)

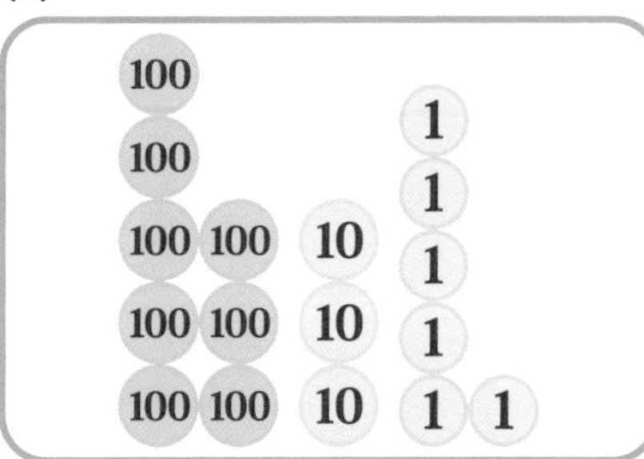

① 836 － 365 ＝

② 836 － 218 ＝

③ 836 － 458 ＝

(3)

100
100
100 10 1
100 10 1
100 100 10 1

① 633 － 372 ＝

② 633 － 429 ＝

③ 633 － 286 ＝

75 同じ数字をむすぼう

目標時間は 10 分

月　日

つぎのルールにしたがって、線を書きましょう。

〔ルール〕
①同じ数字を、たて、よこの線でむすびます。
②線は、マスのまん中を通ります。
③線と線が、交わってはいけません。
④線は、数字の入っているマスを通れません。
⑤数字の入っていないすべてのマスを、1 回だけ通ります。

	2	3			
	5	4		3	1
1	5			4	2

76 同じ数字をむすぼう

目標時間は 10 分

月　日

つぎのルールにしたがって、線を書きましょう。

〔ルール〕

①同じ数字を、たて、よこの線でむすびます。

②線は、マスのまん中を通ります。

③線と線が、交わってはいけません。

④線は、数字の入っているマスを通れません。

⑤数字の入っていないすべてのマスを、1 回だけ通ります。

1	2				
				3	
		5	2		
			4		
	3			5	
				1	4

77 いらない数字はどれ？

目標時間は 12 分

月　　日

つぎのルールにしたがって、マスの中の数字に「×」じるしをつけましょう。

〔ルール〕

①よこのれつを足したら、そのれつのマスの外にある数と同じになるように、いらない数字に「×」じるしをつけます。

②たてのれつを足したら、そのれつのマスの外にある数と同じになるように、いらない数字に「×」じるしをつけます。

れいだい

4	2	2	7	3	11
2	1	7	5	7	17
1	7	5	9	9	15
1	3	4	6	1	9
5	6	4	4	1	12
8	12	14	22	8	

かい答

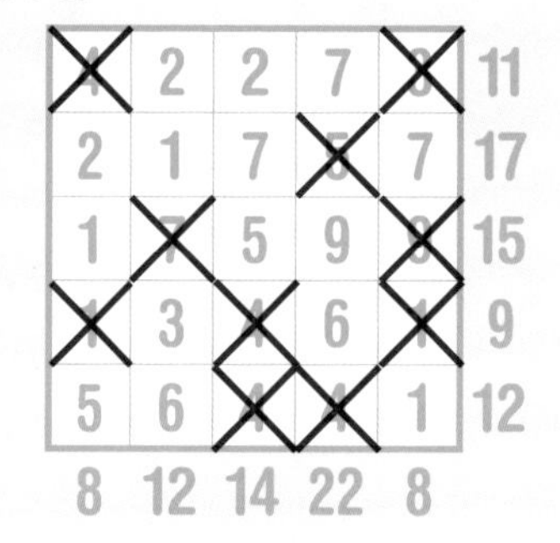

4	9	1	4	5	15
6	5	2	8	7	17
1	6	3	3	5	12
3	4	1	9	6	8
2	1	4	1	7	2
4	14	7	12	17	

78 いらない数字はどれ？

目標時間は 12 分
月　日

つぎのルールにしたがって、マスの中の数字に「×」じるしをつけましょう。

〔ルール〕

①よこのれつを足したら、そのれつのマスの外にある数と同じになるように、いらない数字に「×」じるしをつけます。

②たてのれつを足したら、そのれつのマスの外にある数と同じになるように、いらない数字に「×」じるしをつけます。

1	2	5	6	6	14
6	8	9	8	3	20
8	7	7	6	5	13
4	2	6	1	5	5
2	7	7	5	5	21
15	17	21	7	13	

79 筆算の見本❶

【足し算の筆算】

数をたてにならべて計算する仕方を、「筆算」といいます。

れいだい❶ 34 + 12 （くり上がりのない筆算）

(1) 位をそろえて書きます。

$$\begin{array}{rrr} & 3 & 4 \\ + & 1 & 2 \\ \hline & & \end{array}$$

(2) 同じ位どうしを、右からじゅんに足します。

$$\begin{array}{rrr} & 3 & 4 \\ + & 1 & 2 \\ \hline & 4 & 6 \end{array}$$

れいだい❷ 326 + 195 （くり上がりのある筆算）

(1) 位をそろえて書きます。

$$\begin{array}{rrrr} & 3 & 2 & 6 \\ + & 1 & 9 & 5 \\ \hline & & & \end{array}$$

(2) 同じ位どうしを、右からじゅんに足します。くり上がる「1」は、上に書きます。

$$\begin{array}{rrrr} & {}^{1} & {}^{1} & \\ & 3 & 2 & 6 \\ + & 1 & 9 & 5 \\ \hline & 5 & 2 & 1 \end{array}$$

79 筆算しよう

目標時間は8分

月　日

筆算を書いて、計算の答えをもとめましょう。

(1) 23 ＋ 34 ＝ □

（筆算）

(2) 56 ＋ 21 ＝ □

（筆算）

(3) 28 ＋ 47 ＝ □

（筆算）

(4) 64 ＋ 38 ＝ □

（筆算）

(5) 57 ＋ 76 ＝ □

（筆算）

(6) 77 ＋ 74 ＝ □

（筆算）

80 筆算しよう

目標時間は８分

月　日

筆算を書いて、計算の答えをもとめましょう。

(1) 472 ＋ 156 ＝ □

（筆算）

(2) 267 ＋ 351 ＝ □

（筆算）

(3) 485 ＋ 225 ＝ □

（筆算）

(4) 302 ＋ 838 ＝ □

（筆算）

(5) 567 ＋ 438 ＝ □

（筆算）

(6) 787 ＋ 663 ＝ □

（筆算）

81 筆算の見本❷

れいだい

【引き算の筆算】

れいだい❶ 34 − 12 （くり下がりのない筆算）

(1) 位をそろえて書きます。

$$\begin{array}{r} 34 \\ -\ 12 \\ \hline \end{array}$$

(2) 同じ位どうしを、右からじゅんに引きます。

$$\begin{array}{r} 34 \\ -\ 12 \\ \hline 22 \end{array}$$

れいだい❷ 335 − 158 （くり下がりのある筆算）

(1) 位をそろえて書きます。

$$\begin{array}{r} 335 \\ -\ 158 \\ \hline \end{array}$$

(2) 同じ位どうしを、右からじゅんに引きます。引けない時は、1つ上の位から「1」をかりてきます。

$$\begin{array}{r} \scriptstyle 2\ 2\ \ \\ 335 \\ -\ 158 \\ \hline 177 \end{array}$$

れいだい❸ 1000 − 325 （くり下がりのある筆算）

(1) 位をそろえて書きます。

$$\begin{array}{r} 1000 \\ -\ 325 \\ \hline \end{array}$$

(2) 同じ位どうしを、右からじゅんに引きます。引けない時は、1つ上の位から「1」をかりてきます。

$$\begin{array}{r} \scriptstyle 0\ 9\ 9\ \ \\ 1000 \\ -\ 325 \\ \hline 675 \end{array}$$

81 筆算しよう

目標時間は8分

月　日

筆算を書いて、計算の答えをもとめましょう。

(1) 87 − 36 = [ ]

(筆算)

(2) 76 − 42 = [ ]

(筆算)

(3) 93 − 36 = [ ]

(筆算)

(4) 64 − 38 = [ ]

(筆算)

(5) 154 − 26 = [ ]

(筆算)

(6) 136 − 83 = [ ]

(筆算)

82 筆算しよう

目標時間は8分

月　日

筆算を書いて、計算の答えをもとめましょう。

(1) 687 − 360 = □

(筆算)

(2) 975 − 323 = □

(筆算)

(3) 528 − 242 = □

(筆算)

(4) 605 − 389 = □

(筆算)

(5) 1000 − 432 = □

(筆算)

(6) 1000 − 769 = □

(筆算)

83 いらない数字はどれ？

目標時間は 15 分

月　日

つぎのルールにしたがって、マスの中の数字に「×」じるしをつけましょう。

〔ルール〕

①よこのれつを足したら、そのれつのマスの外にある数と同じになるように、いらない数字に「×」じるしをつけます。

②たてのれつを足したら、そのれつのマスの外にある数と同じになるように、いらない数字に「×」じるしをつけます。

1	7	8	1	9	4	6
7	5	2	8	5	7	15
2	3	7	6	7	1	10
4	2	6	5	1	9	3
9	1	3	5	8	9	13
2	9	9	2	1	3	8
12	6	5	17	7	8	

84 いらない数字はどれ？

目標時間は 15 分

月　日

つぎのルールにしたがって、マスの中の数字に「×」じるしをつけましょう。

〔ルール〕

①よこのれつを足したら、そのれつのマスの外にある数と同じになるように、いらない数字に「×」じるしをつけます。

②たてのれつを足したら、そのれつのマスの外にある数と同じになるように、いらない数字に「×」じるしをつけます。

5	3	8	1	5	1	12
1	7	2	8	3	1	6
5	3	1	4	6	9	13
1	3	4	6	2	4	11
7	2	2	1	9	3	5
4	5	3	1	4	2	16
6	10	16	12	7	12	

85 1～9を入れよう

目標時間は 30 分

月　日

つぎのルールにしたがって、あいているマスに1～9の数字を入れましょう。

〔ルール〕
①たて、よこそれぞれの9れつに、1～9の数字を1つずつ入れます。
②太線でかこまれた9つのマスにも、それぞれ1～9の数字が1つずつ入ります。

6		5		2		8	3	
	4		5	6	3	7	9	
2		3		7				5
8		6	3		7	4		9
4	1			9		3		8
		9	1		8			7
	5	1			6		8	
	6	2	4	8		1		3
3			7	1			2	6

解答

ステップ 1

1

2 (1) 2　(2) 9　(3) 6　(4) 4
(5) 15　(6) 11　(7) 17　(8) 12

3 (1) ① 4　② 14
(2) ① 7　② 17
(3) ① 1　② 11
(4) ① 3　② 13
(5) ① 9　② 19

4 (1) 8　(2) 1　(3) 4　(4) 6
(5) 16　(6) 14　(7) 15　(8) 12

5 (1) ① 6　② 14
(2) ① 3　② 17
(3) ① 9　② 11
(4) ① 7　② 13
(5) ① 1　② 19

6

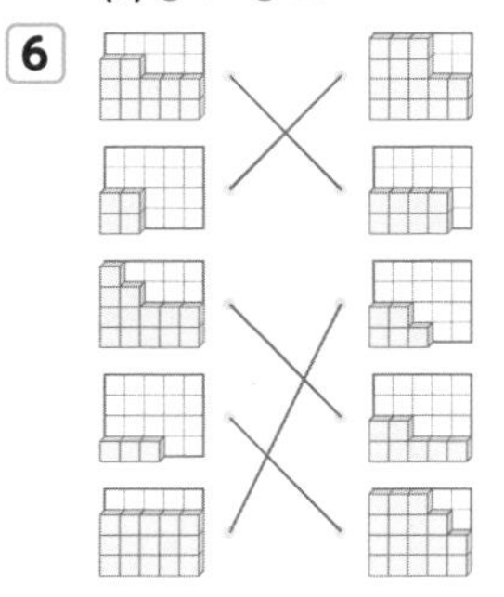

7

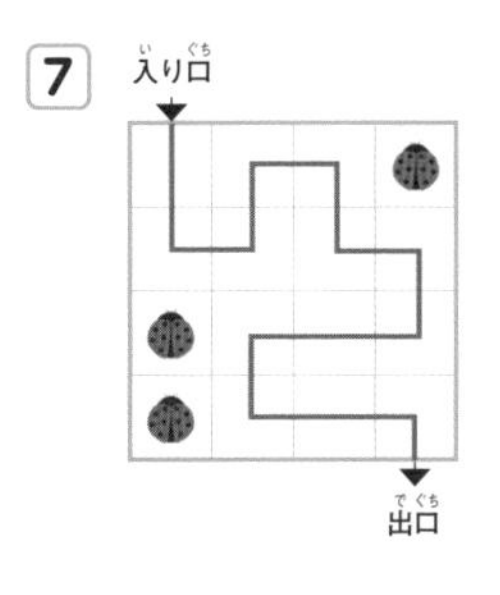

8

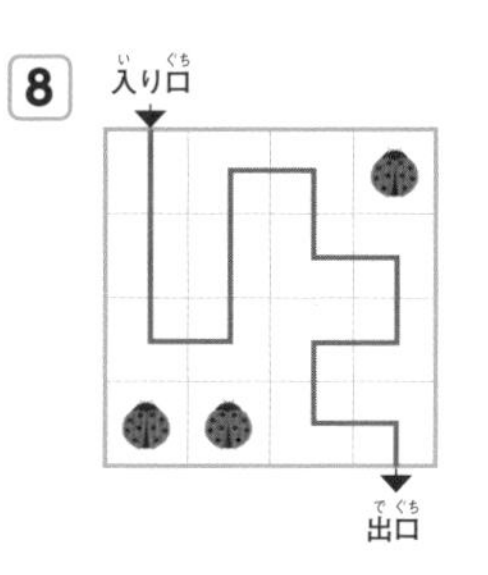

9 (1) イヌ　(2) キリン
(3) ウサギ　(4) ライオン

ステップ 2

10 (1) 15　(2) 11
(3) 12　(4) 17

11 (1) 15　(2) 20　(3) 13
(4) 20　(5) 15　(6) 17
(7) 15　(8) 20　(9) 12

12 (1) 10　(2) 12　(3) 15
(4) 17　(5) 18　(6) 14
(7) 20　(8) 18　(9) 18
(10) 17　(11) 16　(12) 14

13 (1) 17，10　(2) 14，7
(3) 20，13　(4) 12，5
(5) 18，15　(6) 15，12
(7) 12，9　(8) 19，16

14 (1) 10　(2) 4　(3) 14
(4) 15　(5) 10　(6) 5
(7) 12　(8) 5　(9) 9

15 (1) 10　(2) 5　(3) 7
(4) 15　(5) 7　(6) 12
(7) 11　(8) 11　(9) 16
(10) 12　(11) 7　(12) 6

16

(1)

3	4	1	2
1	2	4	3
2	1	3	4
4	3	2	1

(2)

3	2	1	4
4	1	2	3
2	4	3	1
1	3	4	2

17 (1) 左からじゅんに、－、＋
(2) 左からじゅんに、＋、－

ステップ 3

18 (1) 7　(2) 27　(3) 23　(4) 73
(5) 7　(6) 57　(7) 3　(8) 43

19 (1) 30　(2) 20　(3) 15　(4) 25
(5) 22　(6) 46　(7) 7　(8) 14

20 (1) 50　(2) 50　(3) 50　(4) 50
(5) 100　(6) 100
(7) 100　(8) 100

21 (1) 20　(2) 30　(3) 40　(4) 20
(5) 40　(6) 20　(7) 30　(8) 10

22 (1) 50　(2) 40　(3) 32
(4) 34　(5) 37　(6) 48
(7) 100　(8) 90　(9) 71
(10) 73　(11) 79　(12) 93

23 (1) 30　(2) 10　(3) 38
(4) 35　(5) 32　(6) 24
(7) 50　(8) 40　(9) 65
(10) 68　(11) 62　(12) 54

24

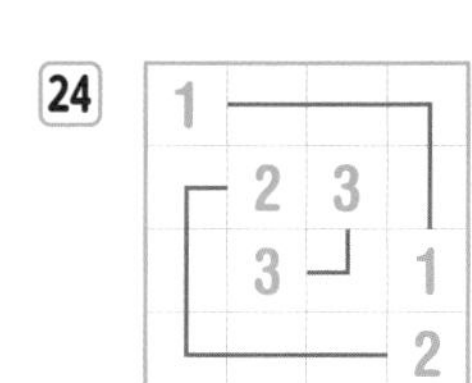

25

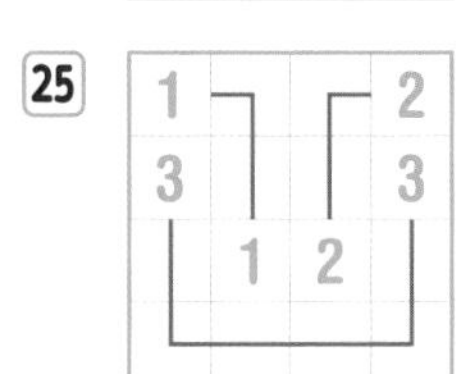

解答

26

2	7	6
9	5	1
4	3	8

27

8	1	6
3	5	7
4	9	2

ステップ 4

28 (1) 30 (2) 50 (3) 24
(4) 25 (5) 29 (6) 39
(7) 80 (8) 100 (9) 75
(10) 79 (11) 78 (12) 97

29 (1) 30 (2)100 (3) 60 (4) 100
(5) 49 (6) 50 (7) 89 (8) 97

30 (1) 35 (2) 30 (3) 20
(4) 31 (5) 33 (6) 22
(7) 90 (8) 95 (9) 93
(10) 50 (11) 73 (12) 61

31 (1) 20 (2) 50 (3) 10 (4) 50
(5) 32 (6) 52 (7) 63 (8) 73

32 (1) 100 (2) 100
(3) 100 (4) 100
(5) 10 (6) 25 (7) 2 (8) 20

33 (1) 300 (2) 900
(3) 700 (4) 1000
(5) 4 (6) 100 (7) 6 (8) 100

34

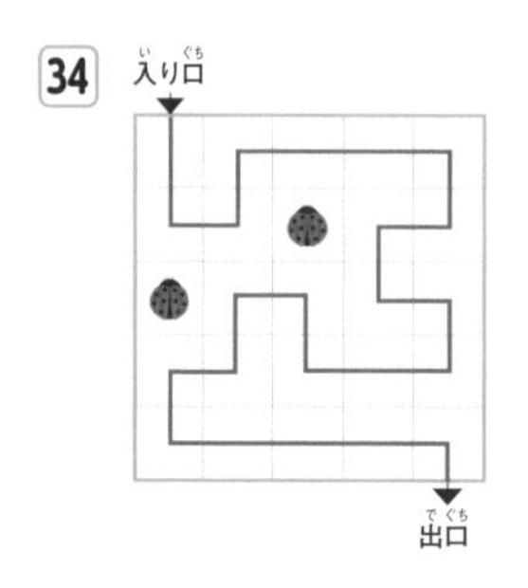

35

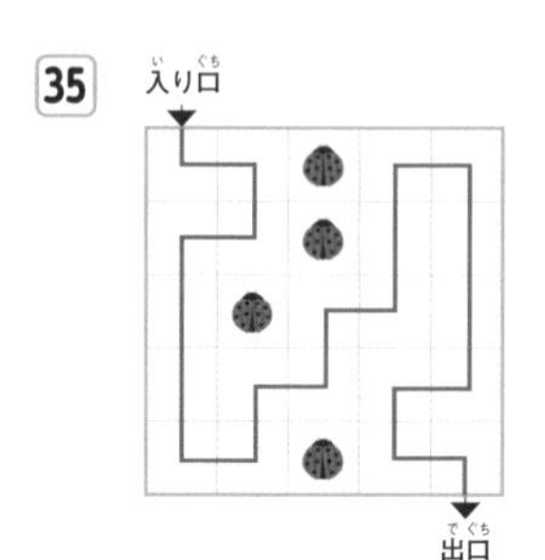

36 (1) ウサギ (2) ヒヨコ
(3) ゾウ (4) カバ

ステップ 5

37 (1) ① 39円 ② 46円 ③ 68円
(2) ① 59円 ② 77円 ③ 89円
(3) ① 69円 ② 78円 ③ 97円

38 (1) ① 39 ② 46 ③ 68
(2) ① 59 ② 77 ③ 89
(3) ① 69 ② 78 ③ 97

39 (1) 17円 (2) 35円
(3) 33円 (4) 82円
(5) 109円 (6) 114円

40 (1) ① 50円 ② 51円 ③ 70円
(2) ① 70円 ② 74円 ③ 90円
(3) ① 90円 ② 93円 ③ 110円

41 (1) ① 50 ② 51 ③ 70
(2) ① 70 ② 74 ③ 90
(3) ① 90 ② 93 ③ 110

42

(1)

1	3	2	4
4	2	1	3
3	1	4	2
2	4	3	1

(2)

3	1	2	4
4	2	3	1
2	4	1	3
1	3	4	2

(3)

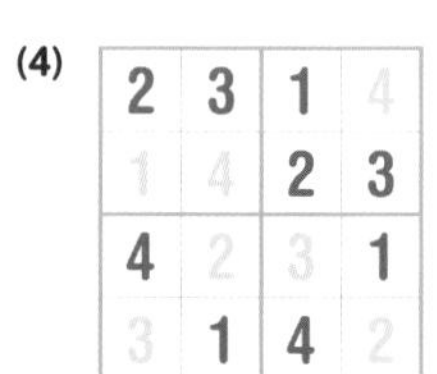

1	2	4	3
3	4	1	2
2	1	3	4
4	3	2	1

(4)

2	3	1	4
1	4	2	3
4	2	3	1
3	1	4	2

43 (1) 左からじゅんに、−、+、−
(2) 左からじゅんに、+、−、−

ステップ 6

44 (1) ① 34円 ② 30円
③ 15円
(2) ① 55円 ② 50円
③ 27円

45 (1) ① 34 ② 30 ③ 15
(2) ① 55 ② 50 ③ 27
(3) ① 73 ② 70 ③ 56

46 (1) ① 17円 ② 20円
③ 14円
(2) ① 43円 ② 30円
③ 22円
(3) ① 39円 ② 60円
③ 25円

47 (1) ① 17 ② 20 ③ 14
(2) ① 43 ② 30 ③ 22
(3) ① 39 ② 60 ③ 25

48 (1) ① 20円 ② 18円
③ 15円
(2) ① 40円 ② 28円
③ 26円
(3) ① 20円 ② 9円
③ 6円

49 (1) ① 20 ② 18 ③ 15
(2) ① 40 ② 28 ③ 26
(3) ① 20 ② 9 ③ 6

解答

50 【解答例】

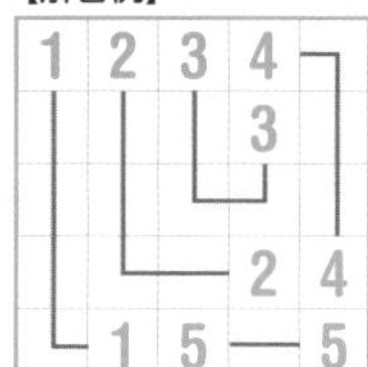

51

1	2			
	3			
		1	3	
4	5			2
		4		5

52

8	3	4
1	5	9
6	7	2

53

8	3	4
1	5	9
6	7	2

ステップ 7

54 (1)1537円 (2)1609円
(3)1328円 (4)1256円
(5)1006円 (6)1027円

55 (1) ① 1000円 ② 1100円
③ 1120円
(2) ① 1000円 ② 1100円
③ 1200円
(3) ① 1000円 ② 1100円
③ 1300円

56 (1) ① 1000 ② 1100
③ 1120
(2) ① 1000 ② 1100
③ 1200
(3) ① 1000 ② 1100
③ 1300

57 (1) ① 900円 ② 1000円
③ 1111円
(2) ① 400円 ② 1000円
③ 1111円
(3) ① 700円 ② 1000円
③ 1213円

58 (1) ① 900 ② 1000
③ 1111
(2) ① 400 ② 1000
③ 1111
(3) ① 700 ② 1000
③ 1213

59

(1)

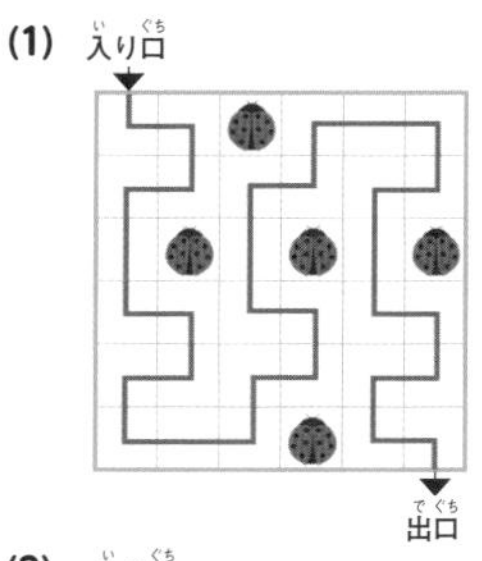

(2)

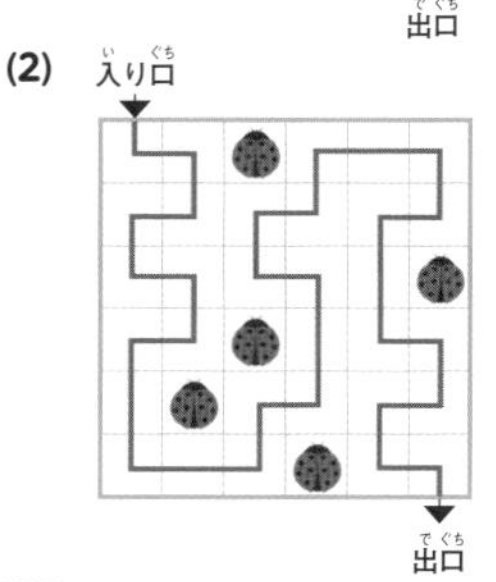

60 (1) C (2) B (3) A (4) C

ステップ 8

61 (1)18円 (2)32円
(3)24円 (4)73円
(5)106円 (6)115円

62 (1)1357円 (2)1709円
(3)1635円 (4)1356円
(5)1007円 (6)1029円

63 (1) ① 860円 ② 900円
③ 961円
(2) ① 390円 ② 700円
③ 647円
(3) ① 690円 ② 900円
③ 1000円

64 (1) ① 860 ② 900 ③ 961
(2) ① 390 ② 700 ③ 647
(3) ① 690 ② 900 ③ 1000

65 (1) ① 20円 ② 18円
③ 16円
(2) ① 30円 ② 28円
③ 25円
(3) ① 30円 ② 29円
③ 26円

66 (1) ① 20 ② 18 ③ 16
(2) ① 30 ② 28 ③ 25
(3) ① 30 ② 29 ③ 26

67

2	4	6	3	1	5
3	5	1	6	2	4
6	1	5	2	4	3
4	3	2	5	6	1
5	2	4	1	3	6
1	6	3	4	5	2

68 (1) 左からじゅんに、－、＋、－
(2) 左からじゅんに、＋、－、＋

解答

ステップ 9

69
(1) ① 348円　② 508円
③ 228円
(2) ① 286円　② 306円
③ 280円

70
(1) ① 348　② 508　③ 228
(2) ① 286　② 306　③ 280
(3) ① 437　② 707　③ 330

71
(1) ① 230円　② 235円
③ 170円
(2) ① 410円　② 505円
③ 280円
(3) ① 420円　② 344円
③ 180円

72
(1) ① 230　② 235　③ 170
(2) ① 410　② 505　③ 280
(3) ① 420　② 344　③ 180

73
(1) ① 286円　② 257円
③ 189円
(2) ① 471円　② 618円
③ 378円
(3) ① 261円　② 204円
③ 347円

74
(1) ① 286　② 257　③ 189
(2) ① 471　② 618　③ 378
(3) ① 261　② 204　③ 347

75

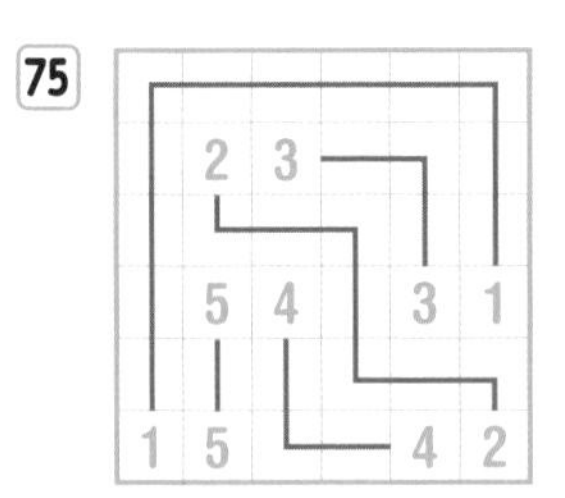

76

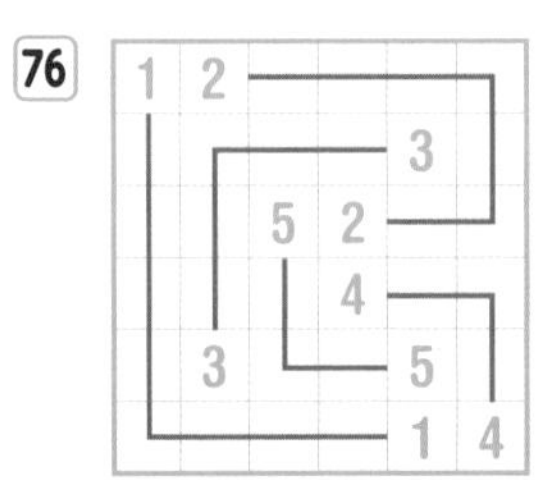

77

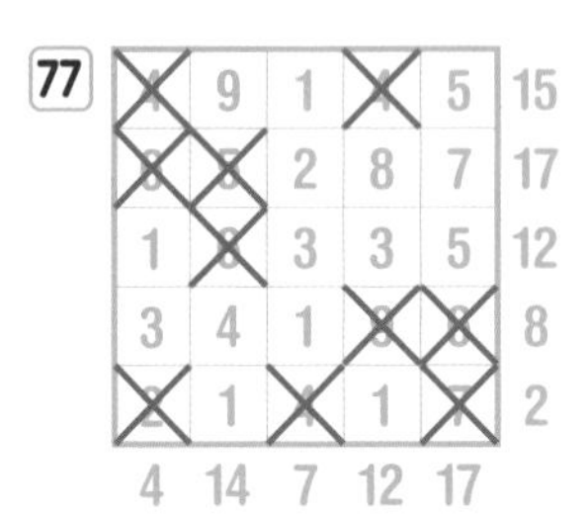

78

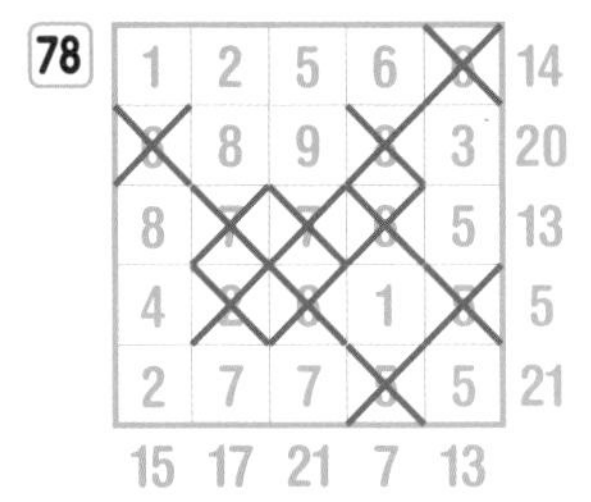

ステップ 10

79
(1) 57　(2) 77　(3) 75
(4) 102　(5) 133　(6) 151

80
(1) 628　(2) 618　(3) 710
(4) 1140　(5) 1005　(6) 1450

81
(1) 51　(2) 34　(3) 57
(4) 26　(5) 128　(6) 53

82
(1) 327　(2) 652　(3) 286
(4) 216　(5) 568　(6) 231

83

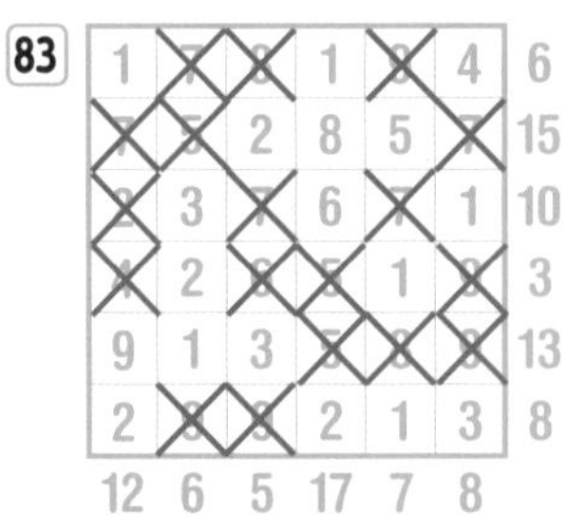

84

~~5~~	3	8	~~4~~	~~5~~	1	12
1	~~7~~	2	~~8~~	3	~~4~~	6
~~5~~	~~3~~	~~4~~	4	~~6~~	9	13
1	~~3~~	4	6	~~2~~	~~4~~	11
~~7~~	2	2	1	~~9~~	~~3~~	5
4	5	~~8~~	1	4	2	16
6	10	16	12	7	12	

85

6	**7**	5	**9**	2	**4**	8	3	**1**
1	4	**8**	5	6	3	7	9	**2**
2	**9**	3	**8**	7	**1**	**6**	**4**	5
8	**2**	6	3	**5**	7	4	**1**	9
4	1	**7**	**6**	9	**2**	3	**5**	8
5	**3**	9	1	**4**	8	**2**	**6**	7
7	5	1	**2**	**3**	6	**9**	8	**4**
9	6	2	4	8	**5**	1	**7**	3
3	**8**	**4**	7	1	**9**	**5**	2	6